Ulrich Paasch

Farbe
in Druck und Medien

Verlag Beruf + Schule

Autor, Herausgeber und Verlag weisen darauf hin, dass die in diesem Buch genannten Markennamen und Produktbezeichnungen in der Regel patent- und warenrechtlichem Schutz unterliegen.
Die Veröffentlichung aller Informationen und Abbildungen geschieht mit größter Sorgfalt; dennoch können Fehler nicht ausgeschlossen werden. Autor, Herausgeber und Verlag übernehmen für fehlerhafte Angaben und deren Folgen weder juristische Verantwortung noch irgendeine Haftung. Sie sind jedoch dankbar für Verbesserungsvorschläge und Ergänzungen.

Herausgeber: Roland Golpon, Itzehoe

Druck: Media-Print Informationstechnologie GmbH, D-33100 Paderborn

ISBN 3-88013-612-2

Inhalt

1 Was ist Farbe?

Im ersten Kapitel geht es um das Wesen, die Natur der Farbe. Farbe ist eine menschliche Sinnesempfindung. Sie ist keine physikalische Eigenschaft „farbiger“ Gegenstände, sondern deren optische Erscheinung. Farbe entsteht, vermittelt durch die Augen, in den Gehirnen der Betrachter(innen). Das Wort Farbe ist deshalb im Folgenden immer als Farbempfindung zu verstehen.
Das bedeutet aber nicht, dass Farbe gar nichts mit Physik zu tun hätte. Zum Sehen gehört Licht, das als Farbreiz auf das Auge einwirkt. Deshalb beginnt dieses Kapitel mit den physikalischen Eigenschaften des Lichts.

1.1 Licht

Licht gehört physikalisch zu den elektromagnetischen Wellen, ist also eng verwandt mit den Wellen, die zur drahtlosen Übertragung von Nachrichten (Rundfunk, Fernsehen, Mobiltelefon) benutzt werden. Auch Mikrowellen, infrarote und ultraviolette Strahlung, Röntgen- und Gammastrahlen sind elektromagnetische Wellen.
Gemeinsame physikalische Eigenschaften: Elektromagnetische Wellen brauchen zur Ausbreitung keine Materie, wie es z. B. bei Schallwellen der Fall ist, sondern können sich auch im Vakuum ausbreiten. Ihre Ausbreitungsgeschwindigkeit ist die Lichtgeschwindigkeit, also etwas weniger als 300 000 km pro Sekunde.
Die unterschiedlichen Eigenschaften elektromagnetischer Strahlungsarten ergeben sich aus ihren Wellenlängen. Die Wellenlänge wird mit dem griechischen Buchstaben λ („lambda“) symbolisiert.

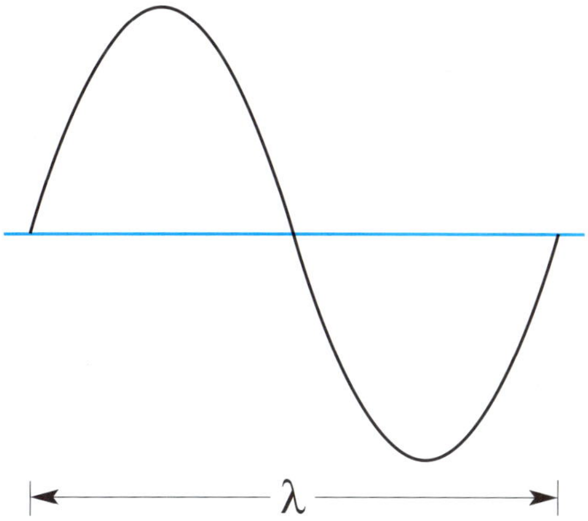

Bild 9/1. Wellenlänge

Merke: λ („lambda“) ist das Symbol für die Wellenlänge.

Sichtbares Licht hat Wellenlängen von etwa 380 Nanometer bis etwa 780 Nanometer. Ein Nanometer (nm) ist ein milliardstel Meter (10^{-9} m = 0,000 000 001 m). Die unmittelbar an das sichtbare Licht angrenzenden Strahlungsarten heißen Ultraviolett (UV, 10 nm bis 380 nm) und Infrarot (IR, 780 nm bis 1 cm).
Innerhalb des sichtbaren Bereichs spielen allerdings die sehr kurzen Wellen von etwa 380 nm bis 400 nm und die sehr langen von etwa 700 nm bis 780 nm nur eine geringe Rolle - die Rezeptoren (Lichtempfänger) im menschlichen Auge sind für diese Wellenlängen relativ unempfindlich. Wenn es nicht auf ganz genaue Werte ankommt, kann vereinfachend gesagt werden, sichtbares Licht habe Wellenlängen von rund 400 nm bis rund 700 nm.

Merke: Licht ist elektromagnetische Strahlung mit Wellenlängen von (großzügig gerundet) 400 nm bis 700 nm.
Ein Nanometer, Einheitenzeichen nm, ist ein milliardstel Meter (0,000 000 001 m oder 10^{-9} m).

Zusätzliche Informationen: Wellenlängen des UKW-Rundfunks um 3 m; Mobiltelefon rund 0,33 m (D-Netz) bzw. rund 0,17 m (E-Netz); Mikrowellen rund 1 cm bis 1 m; Röntgenstrahlung etwa 1 Picometer (pm = 10^{-12} m = billionstel Meter) bis 30 nm, Gammastrahlung 0,1 pm bis 1 pm.

Die Lichtgeschwindigkeit im Vakuum beträgt genau 299 792 458 m/s. In Luft ist sie nur um etwa 0,03 % geringer. In flüssigen und festen Stoffen breitet sich Licht aber erheblich langsamer aus als im Vakuum: um rund 25 % in Wasser und um etwa 30 % bis 50 % in unterschiedlichen Glassorten.
Licht hat eine doppelte Natur – es ist zugleich Welle und Teilchen. Neben der Wellentheorie (Undulationstheorie) gibt es deshalb in der Physik noch einen zweiten theoretischen Ansatz, die Quantentheorie. Für die in diesem Buch erläuterten Zusammenhänge sind aber keine Kenntnisse der Quantentheorie nötig.

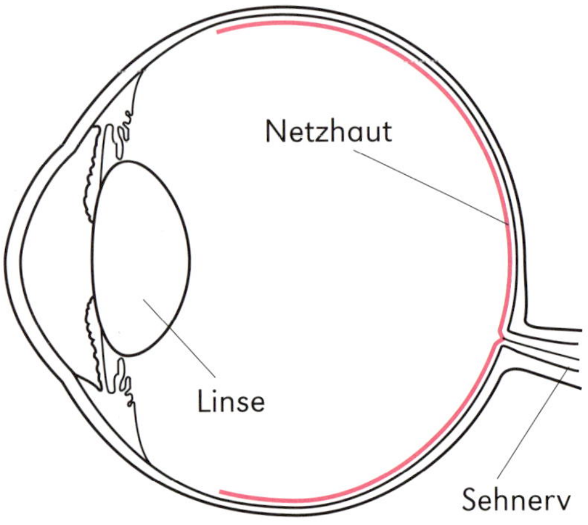

Bild 9/2. Auge (Querschnitt)

1.2 Farbempfindung – Auge und Gehirn

In der Netzhaut (Retina) des Auges befinden sich lichtempfindliche Zellen. Wenn diese Rezeptoren (Empfänger) von Lichtreizen getroffen werden, senden sie über den Sehnerv Signale zum Gehirn. Es gibt zwei Rezeptortypen: Stäbchen und Zapfen.
Die Stäbchen haben eine sehr hohe Lichtempfindlichkeit, reagieren also bereits auf sehr schwache Lichtreize. Sie dienen zum Sehen bei sehr schwacher Beleuchtung (Nachtsehen).
Erst bei stärkerem Licht treten die weniger lichtempfindlichen Zapfen in Aktion (Tagsehen). Es gibt drei Zapfenarten: Die erste reagiert hauptsächlich auf die längeren Wellen des sichtbaren Spektrums, die zweite auf mittlere und die dritte auf kurze Wellenlängen. Sie werden deshalb L-Rezeptoren, M-Rezeptoren und S-Rezeptoren genannt (L, M und S stehen für long, medium und short).
Die drei Zapfenarten analysieren also gemeinsam die spektrale Zusammensetzung des Lichts nach langen, mittleren und kurzen Wellen. Und je nach dieser Zusammensetzung entstehen im Gehirn sowohl unbunte als auch bunte Farbempfindungen (Weiß, Grau, Schwarz bzw. Rot, Orange, Gelb, Grün usw.).

Merke: Unbunte Farben: Weiß, Grau, Schwarz. Bunte Farben: Alle anderen Farben, also Rot, Orange, Gelb, Grün, Cyan, Blau Violett, Magenta, Braun, Ocker, Oliv usw.

9/1 Schreiben Sie bitte unter jede bunte Farbe in Bild 9/3 ein *b* und unter jede unbunte Farbe ein *u*.

Bild 9/3. Bunte und unbunte Farben

Die Stäbchen registrieren dagegen ausschließlich die Intensität des auffallenden (schwachen) Lichts, ohne nach Wellenlängen zu unterscheiden. Deshalb gibt es beim reinen Nachtsehen nur unbunte Farbempfindungen – nachts sind nicht nur Katzen grau, sondern alle Lebewesen und Gegenstände.
Am Dämmerungssehen sind sowohl Stäbchen als auch Zapfen beteiligt. Deshalb entstehen zwar bunte Empfindungen; bunte Farben werden aber weniger differenziert wahrgenommen als beim Tagsehen.

Merke: Stäbchen – Nachtsehen – unbunte Farbempfindungen
Zapfen – Tagsehen – bunte und unbunte Farbempfindungen

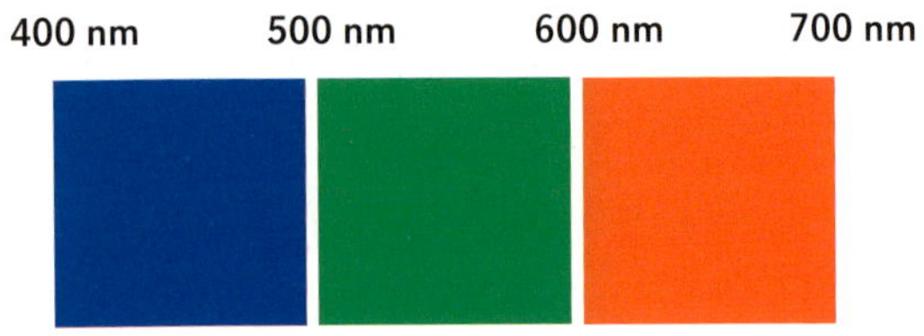

Bild 9/4. Roter, grüner und blauer Bereich des sichtbaren Spektrums (vereinfachte Darstellung)

Welche Farbempfindung beim Tagsehen im Gehirn entsteht, hängt von der spektralen Zusammensetzung des Farbreizes ab, also von den Wellenlängen, die auf die Zapfen treffen.

Wenn der Farbreiz ausschließlich oder zumindest überwiegend lange Wellen enthält, entsteht beim Tagsehen die Farbempfindung Rot. Mittlere Wellenlängen erzeugen die Farbempfindung Grün, kurze die Farbempfindung Blau. Das sichtbare Spektrum kann also schematisch in drei Abschnitte unterteilt werden: Einen roten mit Wellenlängen von (großzügig gerundet) 600 nm bis 700 nm, einen grünen, 500 nm bis 600 nm, und einen blauen, 400 nm bis 500 nm. Wenn der Farbreiz (ungefähr) gleiche Anteile kurzer, mittlerer und langer Wellen enthält, entsteht auch beim Tagsehen eine unbunte Farbempfindung. Ein relativ starker Farbreiz wird als Weiß empfunden, ein schwächerer als Grau, ein sehr schwacher als Schwarz.

Merke: Das auf die Rezeptoren treffende Licht heißt Farbreiz.
Überwiegend lange Wellenlängen – Farbempfindung Rot.
Überwiegend mittlere Wellenlängen – Farbempfindung Grün.
Überwiegend kurze Wellenlängen – Farbempfindung Blau.
Alle Wellenlängen zu ungefähr gleichen Anteilen – Farbempfindung Unbunt (Weiß, Grau, Schwarz).

9/2 Schreiben Sie bitte im nebenstehenden Bild die fehlenden Farbempfindungen in die Denkblasen.

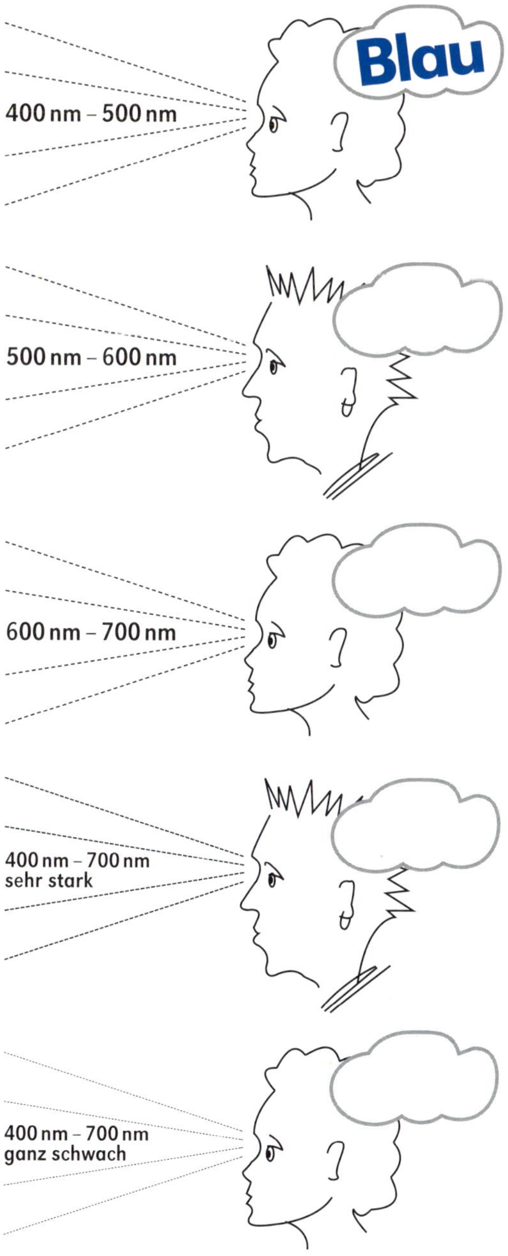

Bild 9/5. Wellenlängen und Farbempfindungen

Die drei Zapfenarten werden häufig einfach Rot-, Grün- und Blau-Rezeptoren genannt. Das ist zwar anschaulicher, als von L-, M- und S-Rezeptoren zu sprechen, hat aber mit den tatsächlichen Verhältnissen nicht viel zu tun. Zur Erläuterung ist ein kleiner Vorgriff auf das Kapitel Farbmetrik nötig. Dort wird die Wirkung eines Farbreizes auf die drei Zapfenarten durch drei Normspektralwertkurven beschrieben (Bild 9/6). Die drei Kurven überschneiden sich erheblich, wobei die M- und die L-Rezeptorkurve über das gesamte sichtbare Spektrum reichen. Der L-Rezeptor hat ein Maximum (einen Höchstwert) bei etwa 600 nm und ein zweites bei etwa 440 nm.
Das ändert nichts an der Tatsache, dass Licht mit langen Wellen die Farbempfindung Rot auslöst. Denn die Farbempfindung Rot entsteht ja im Gehirn, und nicht in einem „Rot-Rezeptor". Das langwellige Licht spricht gleichzeitig sowohl den L- als auch den M-Rezeptor an. Der L-Rezeptor ist aber in diesem Wellenlängenbereich empfindlicher als der M-Rezeptor und sendet deshalb ein entsprechend stärkeres Signal zum Gehirn. Beide Signale, also das stärkere vom L- und das schwächere vom M-Rezeptor, lassen im Gehirn die Farbempfindung Rot entstehen.
Die starken Überschneidungen der Rezeptor-Empfindlichkeitsbereiche sind kein Mangel des menschlichen Auges. Im Gegenteil: Sie ermöglichen die hoch differenzierte menschliche Wahrnehmung von etwa vier Millionen unterschiedlichen Farben.

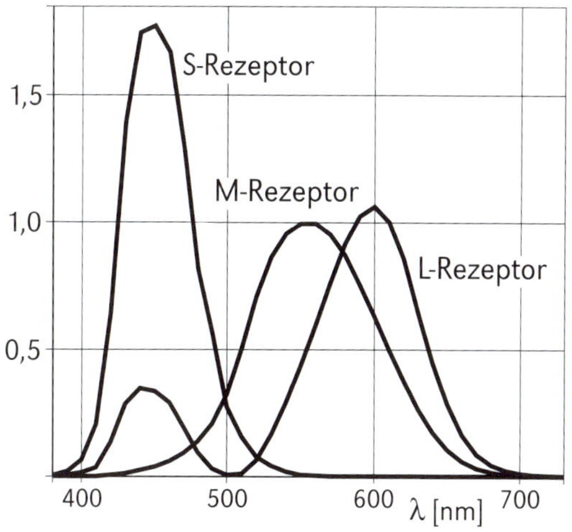

Bild 9/6. Normspektralwertkurven

Zusätzliche Informationen: Die theoretische Erkenntnis, dass es drei Arten von Farbrezeptoren geben muss, die mit den Farbempfindungen Rot, Grün und Blau im Zusammenhang stehen, ist nicht neu: Thomas Young veröffentlichte bereits 1802 eine solche Theorie, die später von Hermann von Helmholtz aufgegriffen und weiterentwickelt wurde; sie wird deshalb auch Young-Helmholtz-Theorie genannt. Der biochemische Nachweis der drei Zapfenarten gelang aber erst 1964.
Die an den Normspektralwertkurven zu erkennende starke Überschneidung der Empfindlichkeiten von M- und L-Rezeptor ist entwicklungsgeschichtlich

bedingt. Die Vorfahren der heutigen Menschen hatten wahrscheinlich, wie die meisten Säugetiere, nur zwei Zapfenarten, wobei eine dem S- und die andere etwa dem M-Rezeptor heutiger Menschen entsprach. Durch Mutation eines Gens für den M-Rezeptor (dieses Gen ist mehrfach vorhanden) entstand wahrscheinlich der heutige L-Rezeptor.

Farbenfehlsichtigkeiten sind darauf zurückzuführen, dass mindestens ein Rezeptortyp nicht intakt ist oder vollständig fehlt. Sie sind meistens genetisch (erblich) bedingt, können aber auch durch Krankheiten oder Gifte verursacht werden. Am häufigsten ist die Rot-Grün-Fehlsichtigkeit als Folge defekter oder fehlender L- oder/und M-Rezeptoren. Davon sind etwa 5 % aller Männer, aber nur etwa 0,025 % aller Frauen betroffen. Nur sehr wenige Menschen (weltweit etwa 0,00003 %) können überhaupt keine bunten Farben unterscheiden, weil alle drei Zapfenarten fehlen oder defekt sind.

1.3 „Farbige" Gegenstände

Alle Gegenstände und Lebewesen unserer Umwelt sind „farbig". Genauer: Bei ihrer Betrachtung entsteht eine Farbempfindung. Einige leuchten selbst - Glühlampen, Leuchtstoffröhren, Leuchtdioden, Monitore, Glühwürmchen usw. Die meisten Gegenstände und Lebewesen sind aber keine Selbstleuchter - sie sind nur sichtbar, wenn sie von einer Lichtquelle beleuchtet werden.

Das Adjektiv „farbig" steht in der Überschrift dieses Abschnitts in Anführungszeichen. Aus gutem Grund: Umgangssprachlich wird zwar so getan, als sei Farbe eine Eigenschaft von Gegenständen, vergleichbar mit physikalischen Größen wie Länge, Fläche oder Masse. Bei der genaueren Beschäftigung mit dem Thema Farbe ist diese Betrachtungsweise aber zu ungenau. Hier muss unterschieden werden zwischen der Farbempfindung, die im menschlichen Gehirn entsteht, und den physikalischen Eigenschaften von Gegenständen, die eine Farbempfindung auslösen können.

Der Begriff *Farbe* bedeutet Farbempfindung. Sie entsteht im Gehirn und wird durch die Rezeptoren im menschlichen Auge vermittelt. Die „Farben" von nicht-selbstleuchtenden Gegenständen und färbende Substanzen wie Druckfarben, Malfarben usw. werden zusammenfassend *Körperfarben* genannt. Für das von Selbstleuchtern emittierte (ausgesandte) oder von Körperfarben reflektierte „farbige" Licht wird der Begriff *Lichtfarbe* benutzt.

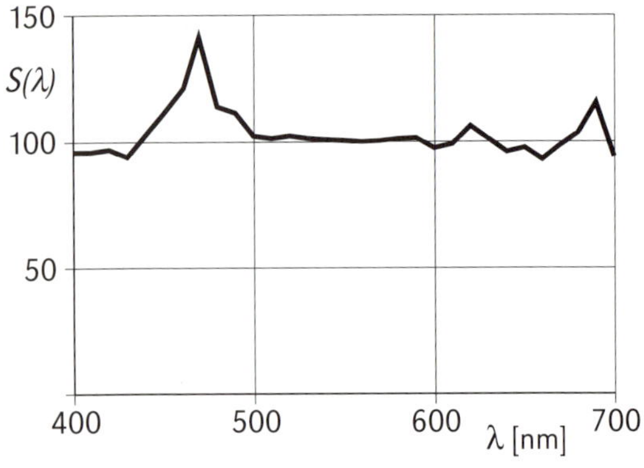

Bild 9/7. Emissionskurve einer Xenonlampe

Merke: Farben - Farbempfindungen
Körperfarben - nicht-selbstleuchtende, „farbige" Gegenstände
Lichtfarben - „farbiges" Licht

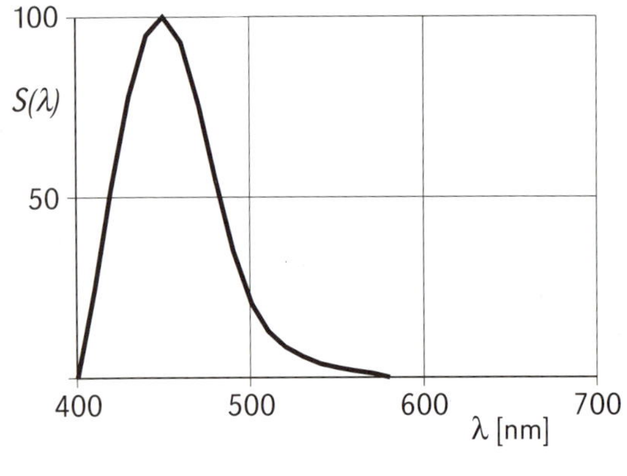

Bild 9/8. Emissionskurve des Blau-Leuchtstoffs einer Monitor-Bildröhre

Selbstleuchtende Gegenstände (Selbstleuchter) emittieren Licht (senden Licht aus). Das Licht einer Xenon-Lampe sieht nahezu weiß aus, weil sie alle Wellenlängen mit etwa gleicher Intensität abstrahlt. In Bild 9/7 ist die relative spektrale Strahlungsverteilung $S(\lambda)$ („S von lambda") grafisch als Emissionskurve dargestellt. Die Strahlungsintensität bei der Wellenlänge 560 nm ist gleich 100 gesetzt, alle übrigen Werte sind relativ darauf bezogen.

Das vom Blau-Leuchtstoff einer Monitor-Bildröhre abgestrahlte Licht sieht blau aus, weil es überwiegend kurze Wellenlängen enthält. Wenn die von einem Selbstleuchter emittierte Strahlung kein vollständiges Spektrum aller Wellenlängen enthält, ist der Bezug auf

die Wellenlänge 560 nm nicht sinnvoll. Deshalb ist in Bild 9/8 das Maximum der Emissionskurve gleich 100 gesetzt.
Licht ist fast immer ein Gemisch aus vielen Wellenlängen, es ist polychromatisch. Seine spektralen Strahlungsverteilungen decken einen mehr oder minder breiten Bereich des sichtbaren Spektrums ab. Wenn Licht nur eine Wellenlänge enthält, wird es monochromatisch genannt. Laser emittieren monochromatisches Licht.

Merke: Fast alle Lichtquellen emittieren polychromatisches Licht. Polychromatisches Licht enthält viele Wellenlängen.
Monochromatisches Licht enthält nur genau eine Wellenlänge.

Um Körperfarben, also nicht-selbstleuchtende Gegenstände, überhaupt sichtbar zu machen, müssen sie von einer Lichtquelle beleuchtet oder durchleuchtet werden. Die auftreffenden Wellen werden teilweise reflektiert (zurückgeworfen), transmittiert (durchgelassen) und absorbiert (verschluckt). Je nach Position von Lichtquelle und Betrachter(in) wird entweder das reflektierte oder das transmittierte Licht vom Auge als Farbreiz aufgenommen und lässt im Gehirn die Farbempfindung entstehen.
Eine rote Druckfarbe sieht also deshalb rot aus, weil sie von allen Wellenlängen des sichtbaren Spektrums hauptsächlich den langwelligen Bereich reflektiert. Eine blau eingefärbte Folie sieht blau aus, weil sie hauptsächlich kurze Wellenlängen durchlässt.
Die genauen spektralen Eigenschaften von Körperfarben werden durch ihre spektralen Reflexionsfaktoren $R(\lambda)$ („R von lambda") bzw. Transmissionsfaktoren $T(\lambda)$ („T von lambda") beschrieben. Bezugsgröße ist immer das auftreffende Licht (= 1). Aus der grafischen Darstellung kann für jede Wellenlänge abgelesen werden, wie groß der reflektierte bzw. transmittierte Anteil ist.
Bild 9/10 zeigt die Reflexionskurve einer roten Körperfarbe. Transmissionskurven sehen nicht anders aus, nur mit dem Unterschied, dass sich die Angaben auf das durchgelassene Licht beziehen und die Ordinate des Koordinatensystems mit $T(\lambda)$ bezeichnet wird.

Merke: Eine Reflexionskurve (oder Transmissionskurve) zeigt, wie stark (zu welchem Anteil) die einzelnen Wellenlängen des auftreffenden Lichts jeweils reflektiert (oder transmittiert) werden.

Die Kurve in Bild 9/10 lässt zweierlei erkennen: Erstens den Zusammenhang zwischen Körperfarbe, reflektiertem Licht und Farbempfindung. Die stärkste Reflexion liegt im langwelligen Bereich; mittlere und kurze Wellen werden erheblich schwächer reflektiert. Es kann sich also nur um eine rote Körperfarbe handeln.
Zweitens zeigt die Kurve beispielartig, dass es bei Körperfarben weder eine vollständige Reflexion noch eine vollständige Absorption bestimmter Wellenlängen gibt. Das reflektierte Licht enthält alle Wellenlängen, die im auftreffenden Licht enthalten sind. Die rote Körperfarbe sieht also rot aus, weil sie den langwelligen Anteil des auftreffenden Lichts stärker reflektiert als die übrigen Wellenlängen. Unterschiedliche rote Körperfarben haben natürlich unterschiedliche Reflexionskurven – gemeinsam ist ihnen aber die überwiegende Reflexion im langwelligen und die deutlich geringere Reflexion im mittleren und kurzwelligen Bereich des sichtbaren Spektrums.

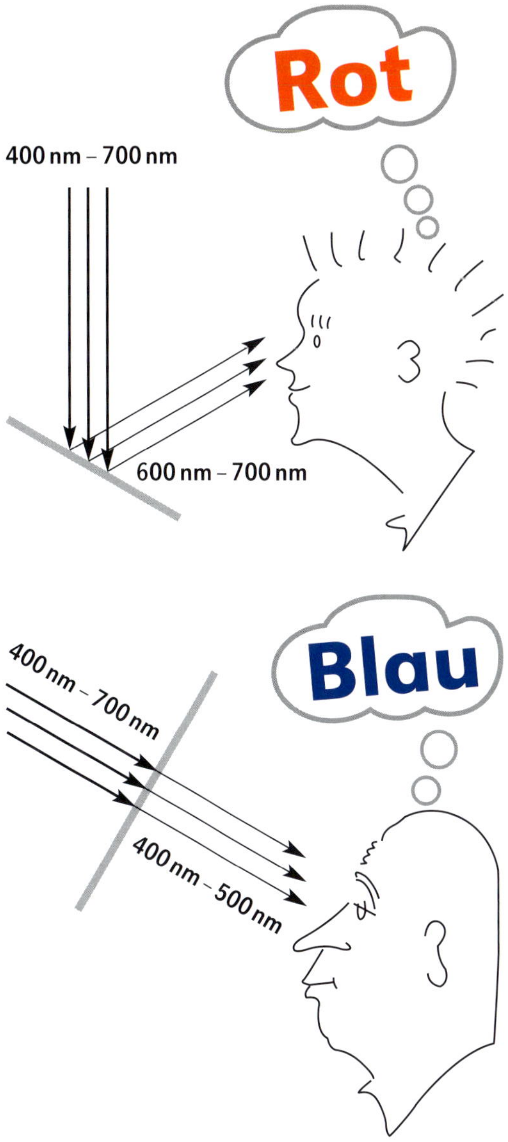

Bild 9/9. Reflexion und Farbempfindung (oben), Transmission und Farbempfindung (unten)

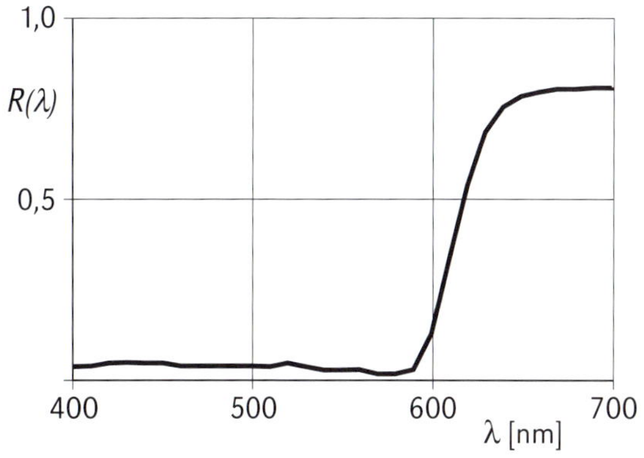

Bild 9/10. Reflexionskurve einer roten Körperfarbe

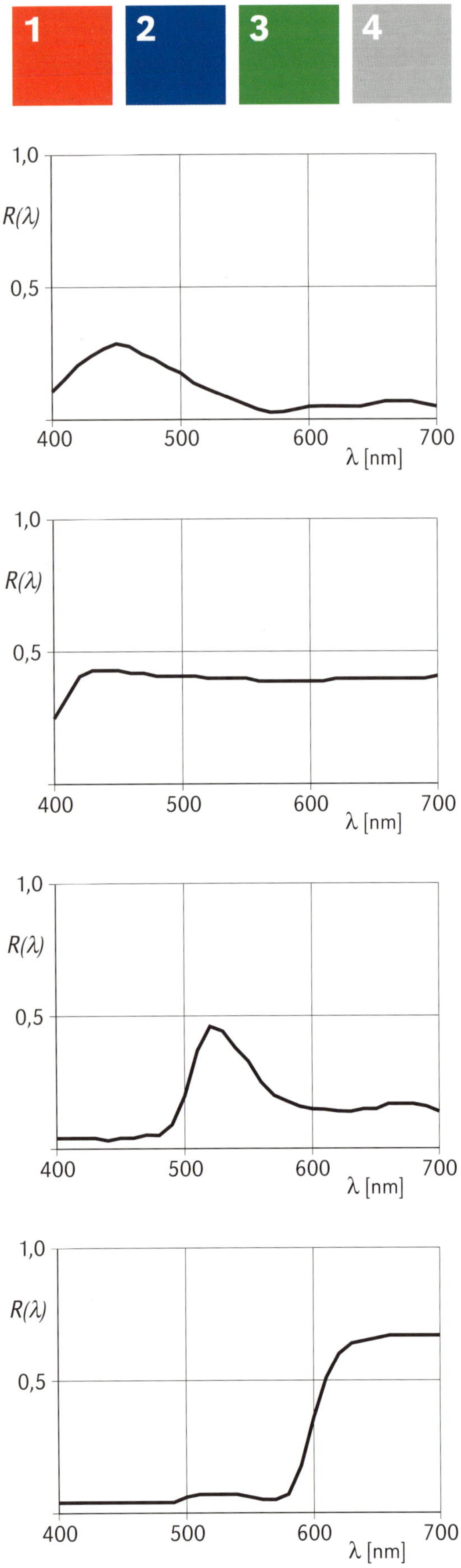

Bild 9/11. Farbmuster und Reflexionskurven

9/3 Ordnen Sie bitte die nebenstehenden Farbmuster den darunter abgebildeten Reflexionskurven zu.

Zusätzliche Informationen: Die Absorption wurde in diesem Abschnitt vereinfachend so dargestellt, als würde das Licht vom beleuchteten Material „verschluckt". Tatsächlich wird der überwiegende Teil des „verschluckten" Lichts für sehr kurze Zeit (weniger als 10^{-6} s) von den Atomen des bestrahlten Materials aufgenommen (absorbiert) und dann als nicht sichtbare Strahlung mit größeren Wellenlängen wieder abgegeben (emittiert). Im Folgenden kann aber weiter mit dem vereinfachten Absorptionsbegriff gearbeitet werden. In der Farbenlehre ist ja nur das sichtbare Licht von Interesse. Ob also Licht „verschluckt" oder in nicht sichtbare Strahlung umgewandelt wird, ist für das Ergebnis gleichgültig.

1.4 Wiederholung, Lernerfolgskontrolle

1. Welche Bedeutung hat der griechische Buchstabe λ im Zusammenhang mit Licht?

2. Was ist ein Nanometer?

3. Notieren Sie bitte jeweils zu den folgenden Wellenlängen, ob sie im sichtbaren, im ultravioletten oder im infraroten Bereich des elektromagnetischen Spektrums liegen. Geben Sie bitte beim sichtbaren Licht zusätzlich an, ob die jeweilige Wellenlänge im blauen, grünen oder roten Bereich des Spektrums liegt.

300 nm		690 nm	
430 nm		820 nm	
560 nm		950 nm	

4. Wie heißen die Rezeptoren (Lichtempfänger) in der Netzhaut des menschlichen Auges, durch deren Vermittlung bunte Farbempfindungen entstehen?

5. Ein Zeuge sagt vor Gericht aus, er habe in einer mondlosen Nacht in einem unbeleuchteten Park einen Mann bemerkt, der mit einer roten Mütze und einer dunkelblauen Jacke bekleidet gewesen sei. Ist diese Aussage glaubwürdig? Antwort bitte kurz erläutern.

6. Erläutern Sie bitte stichwortartig die Begriffe Farbe, Lichtfarbe, Körperfarbe und Farbreiz.

- Farbe ______________________________

____

- Lichtfarbe ______________________________

____

- Körperfarbe ______________________________

____

- Farbreiz ______________________________

____

7. Erläutern Sie bitte kurz den Unterschied zwischen monochromatischem und polychromatischem Licht.

____

____

____

____

____

8. Je nach betrachtetem Gegenstand und Betrachtungssituation wird reflektiertes, transmittiertes oder emittiertes Licht als Farbreiz vom Auge aufgenommen. Worum geht es bei der Betrachtung eines Drucks, eines Diapositivs, des Bildes auf einem Monitor?

- Druck ______________________________

- Diapositiv ______________________________

- Monitorbild ______________________________

9. Das nebenstehende Bild zeigt Emissionskurven von zwei Monitor-Leuchtstoffen. Schreiben Sie bitte unter die Kurven, um welche Farben es sich jeweils handelt.

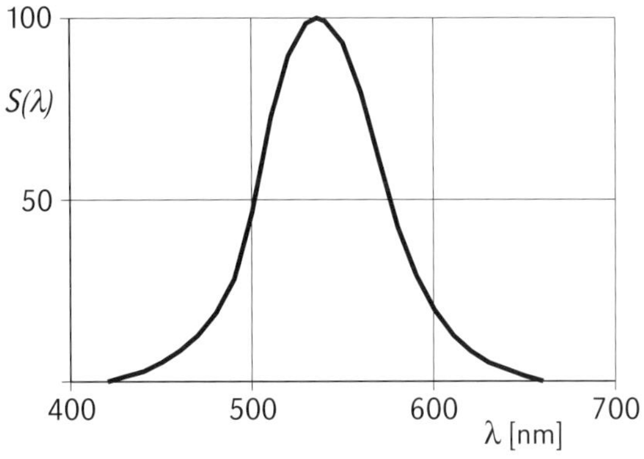

____

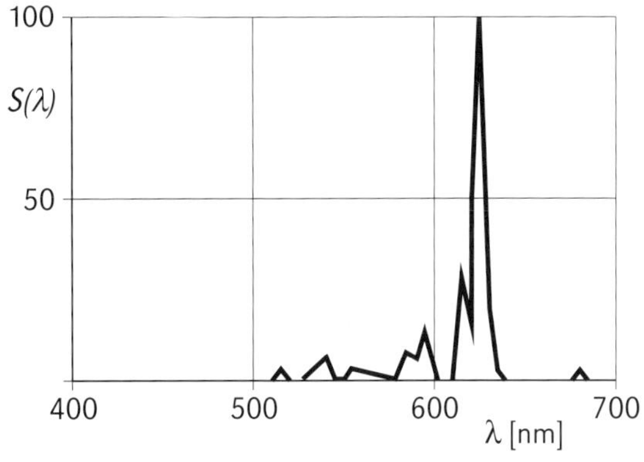

____

Bild 9/12. Emissionskurven von Monitor-Leuchtstoffen

2 Farbmischung

Im ersten Kapitel wurde u. a. erläutert, wie die bunten Farbempfindungen Rot, Grün und Blau entstehen. Im zweiten Kapitel soll gezeigt werden, wie sich die kaum übersehbare Anzahl der übrigen Farben auf nur drei Grundfarben zurückführen lässt. Es geht also um das grundlegende Verständnis der Farbmischungen. Auf eine genaue Darstellung naturwissenschaftlicher Hintergründe wird dabei verzichtet. Die werden, soweit erforderlich, in den folgenden Kapiteln nachgeliefert.

2.1 Additive Farbmischung

Die additive Farbmischung ist die Mischung von Lichtfarben. Bei der additiven Farbmischung wird also Strahlung vermischt. Das Mischen von Lichtfarben kann in einem gedruckten Buch natürlich nicht vorgeführt, sondern nur unvollkommen simuliert werden. Die Bilder in diesem Abschnitt stellen deshalb die Sachverhalte zwar prinzipiell zutreffend dar. Die gedruckten Farben stimmen aber nicht genau mit den Farben überein, die sich bei Versuchen mit Lichtfarben ergeben würden.

Merke: Additive Farbmischung = Mischung von Lichtfarben.

Ausgangspunkt der additiven Farbmischung sind die drei Primärfarben (Erstfarben, Grundfarben) Rot, Grün und Blau. Dabei steht Rot für polychromatische Strahlung mit Wellenlängen von etwa 600 nm bis 700 nm. Grün enthält entsprechend die Wellenlängen von etwa 500 nm bis 600 nm und Blau die Wellenlängen von etwa 400 nm bis 500 nm (vgl. auch Abschnitt 1.2). Primärfarben können nicht durch Mischung aus anderen Farben erzeugt werden. Mischfarben, die aus zwei Primärfarben entstehen, heißen Sekundärfarben (Zweitfarben), Mischfarben aus drei Primärfarben heißen Tertiärfarben (Drittfarben).

Merke: Primärfarben der additiven Farbmischung: Rot, Grün, Blau. Primärfarben können nicht durch Mischung aus anderen Farben erzeugt werden.
Sekundärfarben – Mischungen aus zwei Primärfarben.
Tertiärfarben – Mischungen aus drei Primärfarben.

Aus den drei Primärfarben können natürlich sehr viele Mischfarben erzeugt werden. Wenn jeweils gleiche Anteile an Primärfarben in die Mischfarben eingehen, gibt es aber nur drei Sekundärfarben – Cyan, Magenta, Yellow – und eine Tertiärfarbe – helles Unbunt (Weiß).

Merke: Bei der additiven Farbmischung mit gleichen Primärfarbenanteilen gibt es drei Sekundärfarben und eine Tertiärfarbe.

Sekundärfarben:	Rot + Grün = Yellow (Gelb)
	Rot + Blau = Magenta
	Grün + Blau = Cyan
Tertiärfarbe:	Rot + Grün + Blau = helles Unbunt (Weiß)

Bild 9/13. Additive Farbmischung

Wenn Sekundärfarben aus ungleichen Primärfarbenanteilen gemischt werden, verschiebt sich das Mischungsergebnis zu der Primärfarbe hin, deren Anteil größer ist. Also zum Beispiel:
Rot + weniger Grün = rötliches Yellow (Orange)
Rot + mehr Grün = grünliches Yellow
Rot + weniger Blau = rötliches Magenta
Entsprechend gibt es unzählige Möglichkeit, Tertiärfarben aus ungleichen Anteilen von Rot, Grün und Blau entstehen zu lassen. Wird z. B. Rot mit zwei etwas kleineren, untereinander gleichen Anteilen Grün und Blau gemischt, ergibt sich ein blasses, weißliches Rot. Oder anders ausgedrückt: Ein Weiß mit einem Stich ins Rötliche.

9/4 Welche Sekundär- bzw. Tertiärfarbe ergibt sich jeweils?

Grün + weniger Blau = ______

Rot + mehr Blau = ______

Rot + Grün + weniger Blau = ______

Bild 9/14. Additive Farbmischungen mit ungleichen Primärfarbenanteilen

Monitore erzeugen ihr Bild durch additive Farbmischung. Der Kathodenstrahl der Bildröhre regt die Leuchtstoffe zum Abstrahlen der Lichtfarben Rot, Grün bzw. Blau an. Das Auflösungsvermögen des menschlichen Auges reicht nicht aus, um die einzelnen leuchtenden Pünktchen getrennt wahrzunehmen. Ihre Strahlungen vermischen sich also, nachdem sie die Augenlinse durchquert haben.

Bild 9/15. Spektralband – die gedruckten Farben sind nur sehr unvollkommene Simulationen der Spektralfarben.

9/5 Sehen Sie sich die Leuchtstoffe eines eingeschalteten Monitors mit dem Fadenzähler an.

Zusätzliche Informationen: Die additive Farbmischung wird hier als Mischung polychromatischer Strahlung erläutert, jede Primärfarbe enthält also zahlreiche Wellenlängen. Das ist z. B. bei Monitor-Bildröhren, Flüssigkristall-Displays und Video-Projektoren (Beamern) der Fall. Additive Farbmischung ist aber auch mit monochromatischer Strahlung möglich, also mit drei Lichtern, die jeweils nur eine Wellenlänge enthalten. Die grundsätzlichen Gesetzmäßigkeiten der additiven Farbmischung sind in beiden Fällen dieselben.
Spektralfarben sind keine Mischfarben, sondern monochromatische Lichter. Polychromatisches Licht kann mit einem Prisma oder Beugungsgitter in ein Spektralband aufgespalten werden (Bild 9/15). Dass dabei nicht nur die Primärfarben Rot, Grün und Blau sichtbar werden, sondern mehr als 200 Spektralfarben unterschieden werden können, liegt an den Empfindlichkeitsverläufen der Zapfen (vgl. die Normspektralwertkurven, Bild 9/6): Jedes monochromatische Licht spricht zugleich zwei oder sogar drei Zapfenarten an.

2.2 Farbkreis

Beim Nachdenken über Farben und Farbmischungen ist ein einfacher Farbkreis mit sechs Farben eine gute Hilfe. Er enthält die drei Primär- und die drei Sekundärfarben. Dabei liegen die Sekundärfarben jeweils zwischen den zwei Primärfarben, aus denen sie ermischt werden können. Der Farbkreis kann beliebig gedreht oder gespiegelt werden; er bleibt immer richtig, solange die Anordnung der Farben zueinander unverändert bleibt.

Merke: Farbkreis.

Bild 9/16. Farbkreise

2.3 Subtraktive Farbmischung

Die subtraktive Farbmischung ist die Mischung von Körperfarben. Hier geht es also nicht um Licht (Strahlung), sondern um färbende Substanzen wie Druckfarben, Anstrichfarben usw.

Merke: Subtraktive Farbmischung = Körperfarbenmischung.

Körperfarben erzeugen kein Licht - um sie sichtbar zu machen, müssen sie beleuchtet oder durchleuchtet werden. Für die Mischung von Körperfarben gelten deshalb andere Regeln als für Lichtfarben. Das fängt bereits bei den Primärfarben an: Cyan, Magenta und Yellow bei der subtraktiven Mischung gegenüber Rot, Grün und Blau bei der additiven.

Merke: Primärfarben der subtraktiven Farbmischung: Cyan, Magenta, Yellow.

Jede Primärfarbe der subtraktiven Farbmischung reflektiert zwei primäre Lichtfarben und absorbiert die dritte. Die hauptsächliche Reflexion der Körperfarbe Cyan liegt im Bereich von etwa 400 nm bis 600 nm. Die Körperfarbe Cyan reflektiert also die Lichtfarben Grün und Blau. Die hauptsächliche Absorption liegt im Bereich ab 600 nm aufwärts - absorbiert wird die Lichtfarbe Rot.
Die Primärfarben der subtraktiven Mischung entsprechen den Sekundärfarben der additiven Mischung. Jede primäre Körperfarbe reflektiert genau die zwei Lichtfarben, die bei der additiven Mischung zur Herstellung der entsprechenden Sekundärfarbe gebraucht werden.

Merke: Jede subtraktive Primärfarbe reflektiert zwei additive Primärfarben und absorbiert die dritte.

Im Farbkreis stehen die zwei hauptsächlich reflektierten Lichtfarben (Hauptreflexionen) immer links und rechts neben der subtraktiven Primärfarbe. Die hauptsächlich absorbierte Lichtfarbe (Hauptabsorption) liegt im Farbkreis gegenüber.

9/6 Der obere Farbkreis im nebenstehenden Bild zeigt die Hauptreflexionen (HR) und die Hauptabsorption (HA) der Körperfarbe Cyan. Tragen Sie bitte entsprechend die Hauptreflexionen und -absorptionen für Magenta und Yellow in die beiden anderen Farbkreise ein.

Die Sekundärfarben der subtraktiven Farbmischung entsprechen den Primärfarben der additiven Mischung: Rot, Grün, Blau. Bei der subtraktiven Mischung aller drei Primärfarben ergibt sich dunkles Unbunt (Schwarz).

Merke: Sekundärfarben und Tertiärfarbe der subtraktiven Farbmischung:
Cyan + Magenta = Blau
Cyan + Yellow = Grün
Magenta + Yellow = Rot
Cyan + Magenta + Yellow = dunkles Unbunt (Schwarz)

Bild 9/17. Hauptreflexionen (HR) und Hauptabsorptionen (HA) der subtraktiven Primärfarben - bitte ergänzen!

Die Entstehung der Mischfarben lässt sich am besten verstehen, wenn an die von den Primärfarben absorbierten Lichtfarben gedacht wird. Cyan absorbiert hauptsächlich rotes Licht, Magenta hauptsächlich grünes. Zusammen absorbieren sie rotes und grünes Licht und reflektieren nur noch die dritte Lichtfarbe, also Blau. Wenn dann noch die dritte subtraktive Primärfarbe Yellow hinzukommt, die hauptsächlich blaues Licht absorbiert, werden alle drei Lichtfarben absorbiert.

Bild 9/18 veranschaulicht die Entstehung der Sekundärfarben und der Tertiärfarbe. Das auf die Körperfarben auftreffende weiße Licht wird als Mischung aus den Lichtfarben Rot, Grün und Blau dargestellt. Denn die Mischung aus Rot, Grün und Blau ergibt ja in additiver Mischung Weiß (vgl. Abschnitt 2.1). Jede subtraktive Primärfarbe absorbiert jeweils eine primäre Lichtfarbe, „subtrahiert" also je eine Lichtfarbe vom ursprünglich weißen Licht.

Körperfarben, also z. B. Druckfarben, können auf technisch unterschiedliche Arten gemischt werden. Entweder werden die Druckfarben selbst miteinander vermischt und dann in einem Druckgang auf den Bedruckstoff übertragen. Oder es werden lasierende (transparente, lichtdurchlässige) Schichten der Primärfarben übereinander gedruckt.

Lasierende Druckfarben reflektieren das auftreffende Licht nicht selbst, sondern wirken wie Farbfilter: Das Licht durchquert die lasierende Farbschicht, wird am Bedruckstoff reflektiert und durchquert die Farbschicht nochmals. Mit deckenden (opaken, lichtundurchlässigen) Druckfarben ist eine solche Farbmischung nicht möglich. Bei Deckfarben wird das auftreffende Licht an der Farbschicht selbst reflektiert. Der Übereinanderdruck würde also immer aussehen wie die zuletzt aufgebrachte Druckfarbe.

Merke: Subtraktive Farbmischung durch Übereinanderdruck von Farbschichten geht nur mit lasierenden Druckfarben.

9/7 Die Skizze oben links in Bild 9/20 ist bereits vollständig. Ergänzen Sie bitte die übrigen drei. Zur Erinnerung: Jede subtraktive Primärfarbe absorbiert hauptsächlich die Lichtfarbe, die ihr im Farbkreis gegenüberliegt.

Zusätzliche Informationen: Der Begriff subtraktive Farbmischung ist streng genommen nicht ganz korrekt. Zutreffender wäre multiplikative Farbmischung: Die Reflexionskurve einer Mischfarbe, die durch Übereinanderdruck von zwei lasierenden Farbschichten entsteht, kann annähernd berechnet werden, indem die Reflexionskurven der beiden Farben miteinander multipliziert werden. Üblicherweise wird aber der Begriff subtraktive Farbmischung einfach gleichbedeutend mit Körperfarbenmischung benutzt.

2.4 Autotypische Farbmischung

Das Adjektiv „autotypisch" bedeutet „gerastert" oder „Rasterung betreffend". Das Nomen „Autotypie" wurde für Rasterätzungen im Buchdruck verwendet und ist heute kaum noch gebräuchlich.

Die autotypische Farbmischung arbeitet mit denselben Primärfarben wie die subtraktive Farbmischung. In der praktischen Anwendung kommt allerdings noch die (Hilfs-)Druckfarbe Schwarz hinzu,

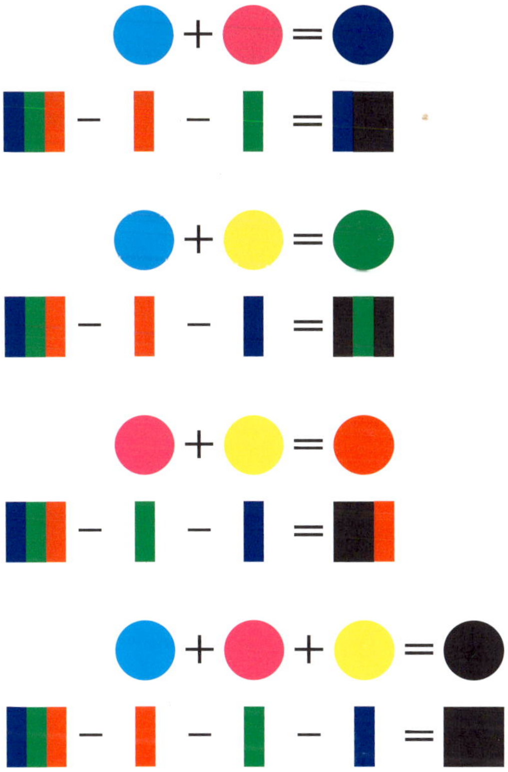

Bild 9/18. Subtraktive Farbmischung – Entstehung der Sekundärfarben Rot, Grün und Blau und der Tertiärfarbe Schwarz

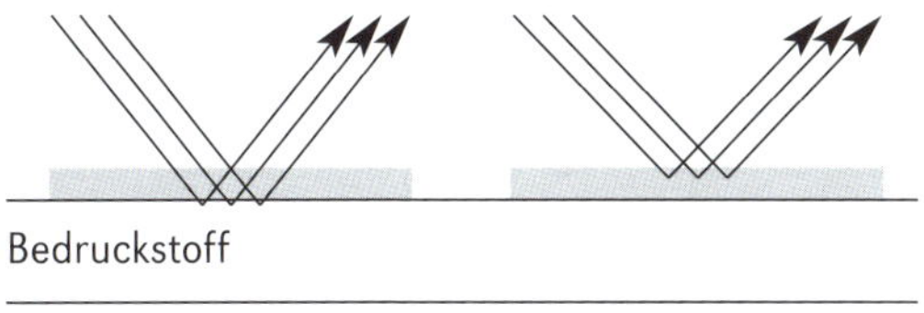

Bild 9/19. Reflexion des Lichts bei lasierender (links) und deckender Druckfarbe (rechts)

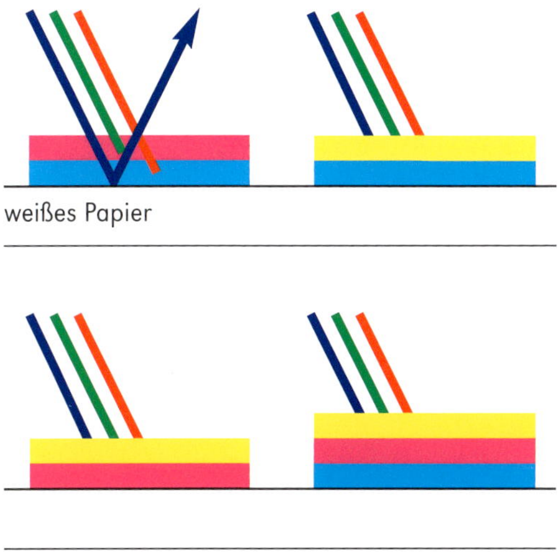

Bild 9/20. Subtraktive Farbmischung durch Übereinanderdruck lasierender Farbschichten

Bild 9/21. Autotypische Farbmischung

weil die Mischung der Druckfarben Cyan, Magenta und Yellow kein ausreichend dunkles und unbuntes Schwarz ergibt (dazu ausführlich weiter unten, Abschnitt 5.2.6).
Die Rasterpunkte in den drei Primärfarben werden teils lasierend übereinander und teils nebeneinander gedruckt (vgl. die stark vergrößerte Darstellung in Bild 9/21). Dadurch entstehen zunächst acht Farben:

- Weiß; unbedrucktes Papier
- Cyan, Magenta und Yellow
- Rot, Grün und Blau; durch Übereinanderdruck (subtraktive Mischung) von jeweils zwei Primärfarben
- Schwarz; durch Übereinanderdruck der drei Primärfarben

Die einzelnen Farbflächen sind sehr klein – überwiegend sogar kleiner als die Rasterpunkte selbst. Bei ausreichend feiner Rasterung reicht deshalb das Auflösungsvermögen des menschlichen Auges nicht aus, um diese kleinen Flächen getrennt wahrzunehmen. Das reflektierte Licht wird vermischt, die acht Farben werden als einheitliche Mischfarbe wahrgenommen.
Bei der autotypischen Farbmischung wirken also subtraktive und additive Mischung zusammen, sie ist eine Kombination der beiden grundlegenden Arten der Farbmischung.
Die Grundregeln der autotypischen Farbmischung sind aber dieselben wie bei der subtraktiven Farbmischung. Weil die Farbmischung beim Übereinanderdruck der Rasterpunkte subtraktiv ist, müssen die Primärfarben der subtraktiven Farbmischung benutzt werden. Also lasierende Druckfarben, die jeweils zwei Lichtfarben durchlassen und die dritte absorbieren. Deshalb sind auch die Sekundär- und Tertiärfarben dieselben wie bei der subtraktiven Mischung.

Merke: Bei der autotypischen Farbmischung sind die Primär-, Sekundär- und Tertiärfarben dieselben wie bei der subtraktiven Farbmischung.

9/8 Sehen Sie sich unterschiedliche Stellen eines vierfarbig gedruckten Bildes mit dem Fadenzähler an. Vergleichen Sie vor allem hellere und dunklere Bildstellen. Was fällt dabei hinsichtlich des subtraktiven Anteils an der autotypischen Farbmischung auf?

____

____

____

____

Zusätzliche Informationen: Das Adjektiv „autotypisch“ wird auch benutzt, um die klassischen periodischen Raster von den nichtperiodischen (frequenzmodulierten) Rastern zu unterscheiden. Autotypische (periodische) Raster haben feste Rasterweiten und gleiche Mittelpunktabstände von Rasterpunkt zu Rasterpunkt. Unterschiedliche Rastertonwerte werden durch unterschiedliche Punktgrößen erzeugt. Beim nichtperiodischen Raster sind die Punkte dagegen gleich groß; unterschiedliche Rastertonwerte werden durch mehr ober weniger Punkte erzeugt. Die Farbmischung funktioniert aber beim nichtperiodischen Raster genau so wie beim autotypischen (periodischen) Raster. In beiden Fällen entstehen die Mischfarben durch autotypische Farbmischung.

2.5 Komplementärfarben

Komplementärfarben liegen einander im Farbkreis gegenüber. Im sechsfarbigen Farbkreis gibt es deshalb drei Komplementärfarbenpaare.

9/9 Ergänzen Sie bitte die Komplementärfarbenpaare.

Rot - ____________

Grün - ____________

Blau - ____________

Bei additiver Mischung können sich komplementäre Farben zur Tertiärfarbe Weiß (helles Unbunt) ergänzen. Das Ergebnis ist also dasselbe, wie bei der Mischung aller drei Primärfarben. Wenn z. B. die Lichtfarben Grün und Magenta gemischt werden, ist Magenta ja bereits eine Sekundärfarbe, die durch Mischung aus Rot und Blau entstanden sein könnte.
Bei der subtraktiven Mischung komplementärer Farben kann Schwarz (dunkles Unbunt) entstehen. In diesem Fall ist Grün die Sekundärfarbe, die als Mischung aus Cyan und Yellow verstanden werden kann. Die subtraktive Mischung von Grün und Magenta entspricht also der Mischung aller drei Primärfarben Cyan, Magenta und Yellow.

Merke: Komplementärfarben können in additiver Mischung helles Unbunt (Weiß), in subtraktiver Mischung dunkles Unbunt (Schwarz) ergeben.

Wird einer Lichtfarbe ein kleinerer Anteil ihrer Komplementärfarbe hinzugemischt, so wird sie heller und weißlicher (blasser). Die Lichtfarbe wird also in Richtung Weiß verändert, sie wird verweißlicht. Beispiel: Rot + weniger Cyan = verweißlichtes (blasses) Rot.
Wenn einer Körperfarbe ein kleinerer Anteil ihrer Komplementärfarbe hinzugemischt wird, wird sie dunkler und schwärzlicher (verschmutzt, gebrochen). Die Körperfarbe wird also in Richtung Schwarz verändert, sie wird verschwärzlicht. Beispiel: Rot + weniger Cyan = verschwärzlichtes Rot.

Zusätzliche Informationen: Die Erläuterung des Begriffs Komplementärfarben in diesem Abschnitt ist eine Vereinfachung, die dem üblichen Gebrauch in der Praxis entspricht. Bei genauerer Untersuchung wird unterschieden zwischen Komplementärfarben und Kompensativfarben. Körperfarben sind im strengen Sinne nur dann komplementär, wenn sich die spektralen Strahlungsverteilungen des reflektierten Lichts zur spektralen Strahlungsverteilung der Lichtquelle ergänzen, mit der sie beleuchtet werden. Bei Kompensativfarben ergänzen sich die reflektierten Strahlungen zu einem Strahlungsgemisch, das als unbunt empfunden wird, aber nicht notwendig identisch mit der Strahlungsverteilung der Lichtquelle sein muss. Was in diesem Abschnitt vereinfachend Komplementärfarbenpaar genannt wurde, ist im strengen Sinne meistens ein Kompensativfarbenpaar.

Bild 9/22. Verweißlichung einer Lichtfarbe und Verschwärzlichung einer Körperfarbe durch Hinzumischen eines kleineren Anteils der Komplementärfarbe

Bild 9/23. Farbkreis bitte ergänzen!

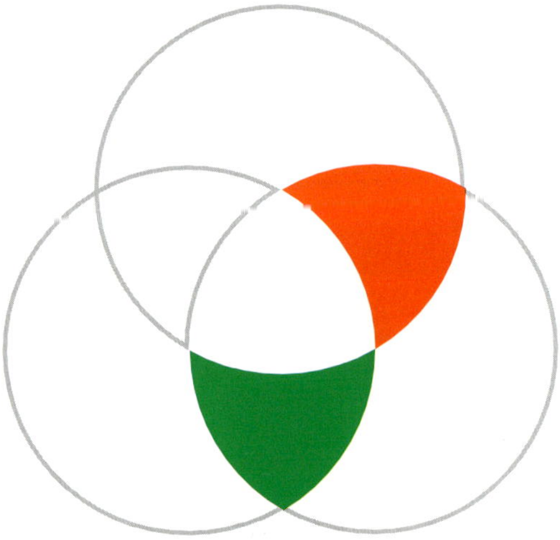

________________ Farbmischung

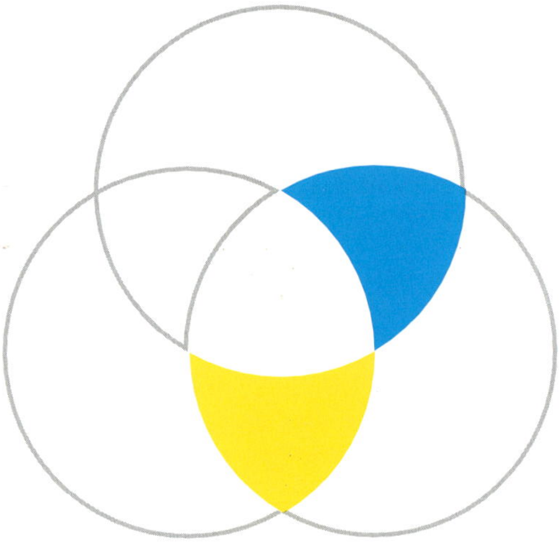

________________ Farbmischung

Bild 9/24. Farbmischungen – bitte ergänzen!

2.6 Wiederholung, Lernerfolgskontrolle

1. Im nebenstehenden Farbkreis fehlen noch vier Farben. Bitte ergänzen.

2. Die beiden Skizzen in Bild 9/24 sollen die additive und die subtraktive Farbmischung veranschaulichen. Zeichnen Sie bitte die fehlenden Farben ein und schreiben Sie unter die Skizzen, um welche Art der Farbmischung es jeweils geht.

3. Nennen Sie bitte die wesentlichen Unterschiede zwischen additiver und subtraktiver Farbmischung in tabellarischer Form.

Additive Farbmischung	Subtraktive Farbmischung

4. Geben Sie bitte jeweils an, ob die Mischfarben durch additive, subtraktive oder autotypische Farbmischung entstehen:

- fotografisches Diapositiv ________________
- Offsetdruck ________________
- Monitor ________________
- fotografisches Papierbild ________________
- Aquarell ________________

5. In dieser Frage werden Primärfarben der subtraktiven Mischung durch ihre Hauptreflexionen bzw. Hauptabsorptionen beschrieben. Um welche Farbe handelt es sich jeweils?

- Hauptreflexionen Rot und Grün ________________
- Hauptabsorption Grün ________________
- Hauptreflexionen Grün und Blau ________________
- Hauptabsorption Blau ________________
- Hauptreflexionen Rot und Blau ________________
- Hauptabsorption Rot ________________

6. Erläutern Sie bitte den Unterschied zwischen deckenden und lasierenden Druckfarben.

7. Warum ist die autotypische Farbmischung nur mit lasierenden Druckfarben möglich?

8. Warum sind Cyan, Magenta und Yellow die Primärfarben der subtraktiven Farbmischung? Warum nicht Rot, Grün und Blau?

9. Was kann sich ergeben, wenn Komplementärfarben miteinander vermischt werden? Nennen Sie bitte vier Möglichkeiten. Berücksichtigen Sie dabei die zwei Arten der Farbmischung und die Mischungen gleicher bzw. unterschiedlicher Anteile.

3 Farbdimensionen

Bunte Farben haben drei empfindungsmäßige Dimensionen. Erstens den Buntton: Sie sind rot, orange, yellow, grün, usw. Zweitens die Helligkeit – sie sind heller oder dunkler. Drittens die Buntheit: Sie sind mehr oder weniger „intensiv", „rein", „leuchtend". Unbunte Farben sind dagegen „eindimensional": Sie unterscheiden sich nur durch unterschiedliche Helligkeiten voneinander.

3.1 Buntton

Bild 9/25. Die Farben haben ähnliche Bunttöne, aber sehr unterschiedliche Helligkeiten und Buntheiten.

Der Buntton beschreibt die Eigenschaft einer Farbe, die mit Wörtern wie Rot, Orange, Yellow, Grün, Cyan, Blau, Violett, Magenta usw. gekennzeichnet wird. Zur etwas genaueren Beschreibung können Adjektive vorangestellt werden, also „gelbliches Orange", „rötliches Orange", „bläuliches Cyan" usw.
Kein „Bunttonwort" ist dagegen Braun. Das Wort Braun schließt bereits eine zweite Dimension der Farbe ein, auf die weiter unten noch ausführlich einzugehen sein wird. Ein Braun hat den Buntton Orange oder Rot, unterscheidet sich vom „richtigen" Orange bzw. Rot aber durch seine geringere Buntheit. Entsprechendes gilt für Bezeichnungen wie „Hellblau" oder „Dunkelgrün". Auch diese Wörter enthalten neben dem Buntton bereits eine zweite Dimension, die Helligkeit.
Farben mit gleichen (oder sehr ähnlichen) Bunttönen können natürlich sehr unterschiedlich aussehen. Denn die Buntheit ist ja nur eine von drei Dimensionen bunter Farben.
Unbunte Farben – Weiß, Schwarz und neutrale Graus – haben keine Bunttöne. Der Buntton ist also die Eigenschaft einer Farbe, die sie vom gleich hellen Unbunt unterscheidet.

Merke: Der Buntton (Rot, Orange, Yellow, Grün usw.) ist die Eigenschaft einer Farbe, die sie von einer gleich hellen unbunten Farbe unterscheidet. Unbunte Farben haben keine Bunttöne.

9/10 Welche der folgenden Farbbezeichnungen kennzeichnen ausschließlich einen Buntton, welche enthalten auch die Dimensionen Helligkeit oder Buntheit, welche haben gar nichts mit einem Buntton zu tun?

- bläuliches Violett ____________
- Dunkelrot ____________
- Rot-Orange ____________
- Rotbraun ____________
- Hellgrau ____________
- grünliches Cyan ____________
- Schwarzblau ____________
- Dunkelgrau ____________

3.2 Helligkeit

Farben werden unterschiedlich hell empfunden. Das gilt einerseits beim Vergleich von Farben mit gleichen Bunttönen: Ein Rot kann heller oder dunkler sein. Andererseits werden bestimmte Bunttöne eher hell, andere eher dunkel empfunden. Am deutlichsten ist das beim Vergleich von Yellow mit Blau oder Violett.
Während die Helligkeit bei den bunten Farben eine von drei Dimensionen ist, ist sie bei den unbunten Farben das einzige Unterscheidungskriterium. Unbunte Farben haben weder Bunttöne noch Buntheiten; sie unterscheiden sich untereinander nur durch unterschiedliche Helligkeiten.

Bild 9/26. Helle Farben mit ungefähr gleichen Helligkeiten (oben) und dunkle Farben mit ungefähr gleichen Helligkeiten (unten)

9/11 Ordnen Sie bitte die Farben in Bild 9/27 nach ihren Helligkeiten. Schreiben Sie bitte unter die dunkelste Farbe eine 1, unter die nächst hellere eine 2 usw.

Bild 9/27. Bitte nach der Helligkeit ordnen!

3.3 Buntheit

Bunte Farben lassen sich graduell nach ihrer Buntheit unterscheiden, sie sind mehr oder weniger bunt. Die Buntheit beschreibt, wie stark sich eine Farbe von einer gleich hellen unbunten Farbe unterscheidet. Eine Farbe, die umgangssprachlich „rein", „intensiv", „kräftig", „leuchtend" usw. genannt wird, ist sehr bunt. Ein „reines" Rot unterscheidet sich stark vom gleich hellen Unbunt, ein Rotbraun weniger.

Bild 9/28. Die linke rote Farbe unterscheidet sich stark vom Unbunt, die rechte weniger stark.

Merke: Die Buntheit gibt an, wie stark sich eine bunte Farbe vom gleich hellen Unbunt unterscheidet.

Die Buntheit einer Druck- oder Malfarbe kann verringert werden, indem Weiß hinzugemischt wird. Dadurch wirkt die Farbe blasser, sie ist verweißlicht. Im gerasterten Druck wird das erreicht, indem anstelle einer Volltonfläche ein geringerer Flächendeckungsgrad (Rastertonwert) gedruckt wird. Bei einem Flächendeckungsgrad von z. B. 60 % bleibt 40 % des weißen Papiers unbedruckt. Der bunten Druckfarbe wird also Papierweiß „hinzugemischt" (vgl. autotypische Farbmischung, Abschnitt 2.4).
Bei einer bunten Lichtfarbe kann anstelle von weißem auch komplementärfarbiges Licht hinzugemischt werden. Der Effekt ist derselbe, da die Komplementärfarbe die bunte Lichtfarbe in Richtung Weiß verändert (vgl. Abschnitt 2.5).
Anstelle des Begriffs Verweißlichung wird oft der Begriff Sättigung benutzt, der das genaue Gegenteil bedeutet. Eine wenig verweißlichte Farbe hat eine hohe Sättigung (ist hoch gesättigt), eine stark verweißlichte Farbe hat eine geringe Sättigung (ist entsättigt oder wenig gesättigt).

Merke: Geringe Verweißlichung = hohe Sättigung
Starke Verweißlichung = geringe Sättigung

Wenn Schwarz zu einer bunten Druck- oder Malfarbe gemischt wird, verliert sie ebenfalls an Buntheit. Die Farbe wirkt verschmutzt, sie

Bild 9/29. Oben: von links nach rechts zunehmend verweißlichte Farben; unten: von links nach rechts zunehmend verschwärzlichte Farben

Bild 9/30. Die Farbe oben links hat die höchste, die Farbe unten rechts die geringste Buntheit.

Bild 9/31. Bitte nach der Buntheit ordnen!

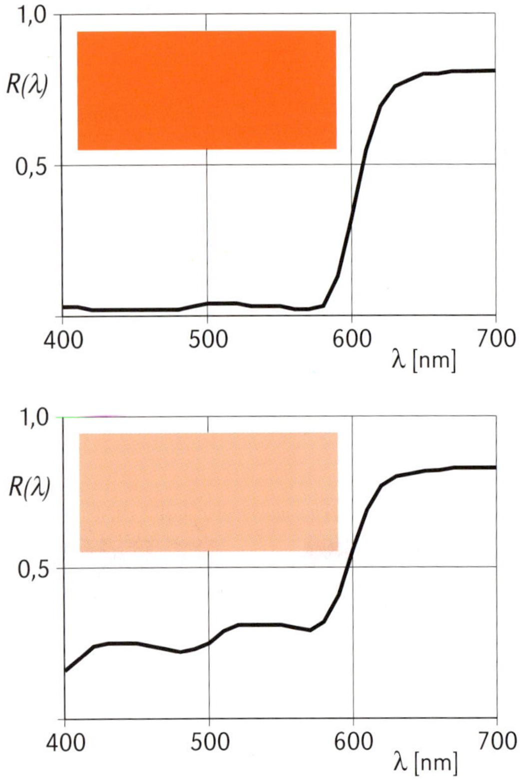

Bild 9/32. Reflexionskurven roter Körperfarben

ist verschwärzlicht. Derselbe Effekt wird erreicht, wenn anstelle von Schwarz die Komplementärfarbe der bunten Körperfarbe benutzt wird. Dann wird auch von Brechung bzw. einer gebrochenen Farbe gesprochen. Durch die Zugabe der Komplementärfarbe verändert sich eine bunte Körperfarbe in Richtung dunkles Unbunt (vgl. Abschnitt 2.5).
Eine sehr bunte Farbe ist sehr gering verweißlicht (hoch gesättigt) und zugleich sehr gering verschwärzlicht. Weniger bunte Farben können verweißlicht oder verschwärzlicht oder beides sein.

Merke: Sehr bunte Farben sind gering verweißlicht (hoch gesättigt) und gering verschwärzlicht.

Die Angabe, eine Farbe habe eine geringe Buntheit, sagt also allein noch nichts darüber aus, ob die geringe Buntheit auf Verweißlichung oder Verschwärzlichung zurückzuführen ist. Dazu wird zusätzlich die Helligkeit gebraucht. Wenn von zwei Farben mit gleichen Bunttönen die eine weniger bunt und zugleich heller ist, so ist sie ausschließlich oder hauptsächlich verweißlicht. Ist sie dagegen weniger bunt und zugleich dunkler, ist sie ausschließlich oder hauptsächlich verschwärzlicht. Wenn buntere und weniger bunte Farbe gleich hell sind, ist die weniger bunte verweißlicht *und* verschwärzlicht.

Merke: Verweißlichung (Entsättigung): geringere Buntheit, höhere Helligkeit.
Verschwärzlichung: geringere Buntheit, geringere Helligkeit

9/12 Ordnen Sie bitte die Farben in Bild 9/31 nach ihren Buntheiten. Schreiben Sie bitte unter die Farbe mit der geringsten Buntheit eine 1, unter die nächst buntere eine 2 usw.

Verweißlichung und Verschwärzlichung lassen sich auch an den Reflexionskurven von Körperfarben erkennen (Bild 9/32). Die spektrale Reflexion einer roten Körperfarbe mit hoher Buntheit ist im Bereich von etwa 600 nm bis 700 nm (roter Bereich des Spektrums) hoch und bei allen übrigen Wellenlängen niedrig. Bei einem verweißlichten (entsättigten) Rot kommen kräftige Reflexionen von 400 nm bis 600 nm (im blauen und grünen Bereich des Spektrums) hinzu. Bei einem verschwärzlichten Rot ist dagegen die Reflexion im roten Bereich verringert. Eine rote Körperfarbe, die gleichzeitig verweißlicht und verschwärzlicht ist, hat kräftige Reflexionen im blauen und grünen Bereich und zugleich eine eingeschränkte Reflexion im roten Bereich.

Zusätzliche Informationen: Anstelle der Buntheit kann auch die Sättigung als dritte Dimension der Farbe benutzt werden. Buntheit und Sättigung sind natürlich nicht dasselbe. Zwar ist eine sehr bunte Farbe immer hoch gesättigt. Aber auch eine wenig bunte Farbe kann eine hohe Sättigung haben; die geringe Buntheit kann ja ausschließlich auf eine hohe Verschwärzlichung zurückzuführen sein. Umgekehrt kann eine hoch gesättigte Farbe jede mögliche Buntheit haben – je nach dem Grad ihrer Verschwärzlichung. Ob eine hoch gesättigte Farbe bunter oder weniger bunt ist, ist an der Helligkeit zu erkennen. Hoch gesättigte und zugleich verschwärzlichte Farben sind dunkler als hoch gesättigte und unverschwärzlichte (sehr bunte) Farben.
Mit Hilfe der Helligkeit kann also logisch von der Sättigung einer Farbe auf ihre Buntheit geschlossen werden. Insofern ist es gleichgültig, ob die Sättigung

oder Buntheit einer Farbe genannt wird. Dem spontanen menschlichen Farbempfinden steht aber die Buntheit näher. Beim Vergleich eines sehr bunten Rot-Orange mit einem Dunkelbraun dürfte empfindungsgemäß eher die unterschiedliche Buntheit als die ungefähr gleiche Sättigung im Vordergrund stehen.

3.4 Wiederholung, Lernerfolgskontrolle

1. Welche Farben können nur anhand ihrer Helligkeiten unterschieden werden?

___

2. Welche Dimension der Farbe wird durch Verweißlichung und Verschwärzlichung beeinflusst?

___

3. Welche zwei Bedingungen muss eine Körperfarbe erfüllen, damit sie sehr bunt aussieht?

___

4. Kann eine Farbe mit geringer Buntheit trotzdem eine hohe Sättigung haben? Bitte kurz begründen.

___

___

___

5. Das Wort „Dunkelrotbraun“ enthält Informationen über alle drei Dimensionen der Farbe.

Die Farbe hat eine ________ Helligkeit.

Sie hat eine ________ Buntheit.

Ihr Buntton ist ________ .

6. Beschreiben Sie bitte, wie sich die in Bild 9/33 jeweils rechts abgebildete Farbe von der linken unterscheidet. Geben Sie jeweils an, ob die rechte Farbe heller oder dunkler, bunter oder weniger bunt ist. Zur Kennzeichnung des Bunttonunterschieds benutzen Sie bitte Wörter wie „rötlicher“, „gelblicher“, „grünlicher“ usw.

1 ________

2 ________

3 ________

4 ________

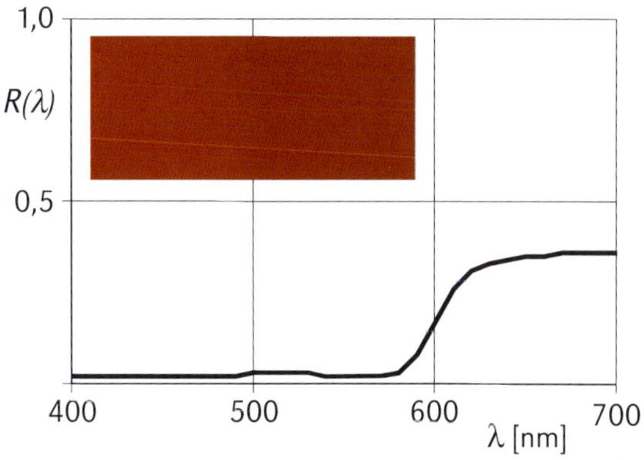

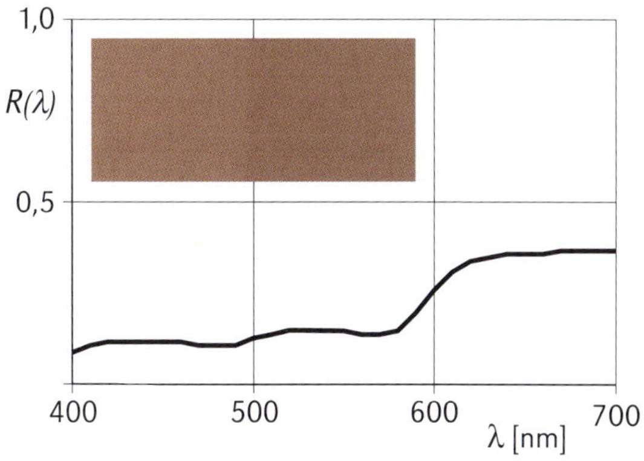

Bild 9/32. (Fortsetzung)

Bild 9/33. Bitte die Unterschiede beschreiben!

4 Beleuchtung und Umfeld

Bei Körperfarben hängen die Farbempfindungen nicht allein von spektralen Reflexionen oder Transmissionen ab. Auch das Licht, mit dem sie beleuchtet werden, und andere Körperfarben in ihrer Umgebung beeinflussen die Farbwahrnehmung. Für die Beurteilung von Vorlagen oder Drucken oder den Vergleich zwischen Vorlage und Druck müssen Bedingungen geschaffen werden, unter denen Farben optimal wahrgenommen werden können.

4.1 Spektralverteilung der Beleuchtung

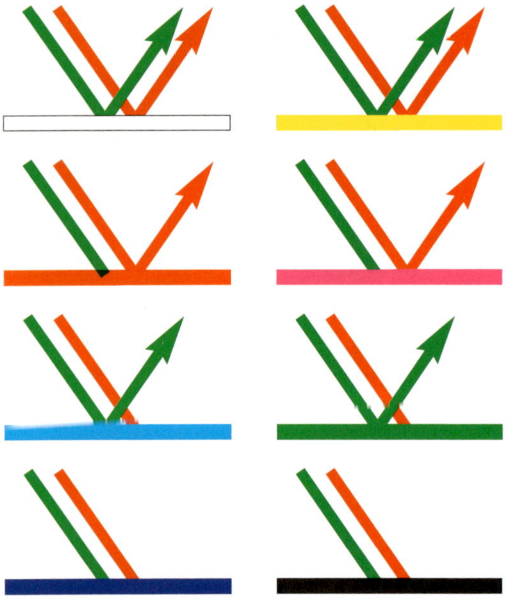

Bild 9/34. Reflexionen an Körperfarben bei gelber Beleuchtung

Wie eine Körperfarbe aussieht, welche Farbempfindung bei ihrer Betrachtung entsteht, hängt auch vom Licht ab, mit dem sie beleuchtet wird. Zur Verdeutlichung zuerst ein extremes Beispiel: Körperfarben werden mit (theoretisch optimal) gelbem Licht beleuchtet. Im auftreffenden Licht fehlt also der kurzwellige (blaue) Anteil vollständig. Deshalb kann auch die reflektierte Strahlung keinen kurzwelligen Anteil enthalten. Das Ergebnis ist in Bild 9/34 dargestellt: Yellow ist visuell nicht von Weiß zu unterscheiden, Rot nicht von Magenta, Grün nicht von Cyan und Blau nicht von Schwarz.

9/13 In Bild 9/35 werden die Körperfarben mit Licht beleuchtet, in dem der langwellige (rote) Spektralbereich fehlt. Zeichnen Sie bitte die jeweils reflektierte(n) Lichtfarbe(n) ein. Welche Körperfarben lassen sich bei dieser Beleuchtung nicht voneinander unterscheiden?

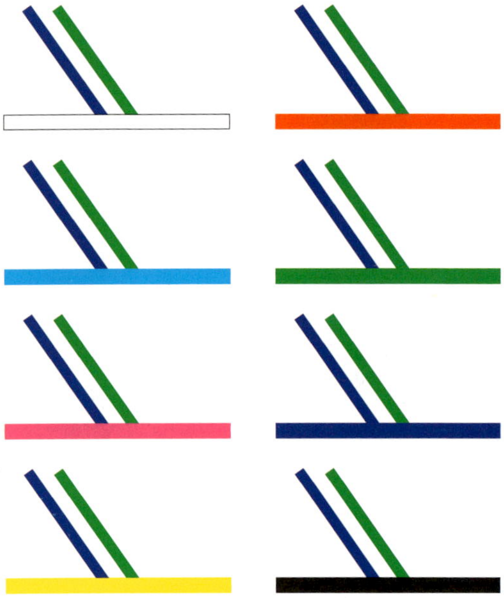

Bild 9/35. Bitte ergänzen (Aufgabe 9/13)!

Die spektrale Zusammensetzung des reflektierten Lichts, des Farbreizes, hängt also nicht nur vom spektralen Reflexionsfaktor einer Körperfarbe ab. Auch die spektrale Strahlungsverteilung der Beleuchtung ist wichtig. Der von einer Körperfarbe ausgehende und vom Auge aufgenommene Farbreiz kann je nach Beleuchtung (Tageslicht, Glühlampenlicht usw.) unterschiedlich zusammengesetzt sein. Der Farbreiz $\varphi(\lambda)$ („phi von lambda") ergibt sich rechnerisch, indem spektraler Reflexionsfaktor der Körperfarbe und spektrale Strahlungsverteilung des Lichts miteinander multipliziert werden: $\varphi(\lambda) = R(\lambda) \cdot S(\lambda)$.

Bild 9/36 zeigt oben die Reflexionskurve einer grünlich gelben Körperfarbe und darunter die spektrale Strahlungsverteilung einer (theoretischen) Beleuchtung, die alle Wellenlängen mit genau gleicher Intensität enthält. Diese völlig gleichmäßige Strahlungsverteilung wird energiegleiches Spektrum genannt. Die unten in Bild 9/36 gezeigte Farbreizkurve hat genau dieselbe Form wie die Reflexionskurve der beleuchteten Körperfarbe.

Bild 9/37 zeigt oben noch einmal dieselbe Reflexionskurve und darunter die spektrale Strahlungsverteilung von Glühlampenlicht. Dieses Licht hat einen vergleichsweise hohen langwelligen (roten) und einen geringeren kurzwelligen (blauen) Strahlungsanteil. Dementsprechend verändert ist die Zusammensetzung des Farbreizes: Der langwellige Anteil ist jetzt viel höher als in Bild 9/36.

Tückisch an diesem Effekt ist, dass er kaum wahrgenommen wird. Das menschliche Farbempfinden stimmt sich so um, dass die vorherrschende Beleuchtung als Unbunt empfunden wird. Wer sich in einem mit Glühlampen beleuchteten Raum aufhält, empfindet dieses Licht als Weiß, obwohl es einen sehr hohen spektralen Rot- und einen viel geringeren Blauanteil hat (Bild 9/37, Mitte), also „eigentlich" blass-orange aussehen sollte. Und auch alle anderen – unbunten wie bunten – Farben sehen „richtig" aus. Das liegt daran, dass Farben nicht absolut und einzeln, sondern immer im Verhältnis zueinander empfunden werden. Eine Farbempfindung ergibt sich nicht allein aus der spektralen Zusammensetzung eines Farbreizes, sondern auch aus dem Unterschied zu anderen Farbreizen. Diese Erscheinung wird (relative) Farbkonstanz genannt.

Merke: Das menschliche Farbempfinden stimmt sich so um, dass die vorherrschende Beleuchtung unbunt (weiß) empfunden wird.

9/14 Wie sieht eine leuchtende Glühlampe aus, wenn der Raum ausschließlich von Glühlampen beleuchtet ist? Wie sieht dieselbe leuchtende Glühlampe aus, wenn ihre Umgebung mit Tageslicht beleuchtet wird? Bitte ausprobieren!

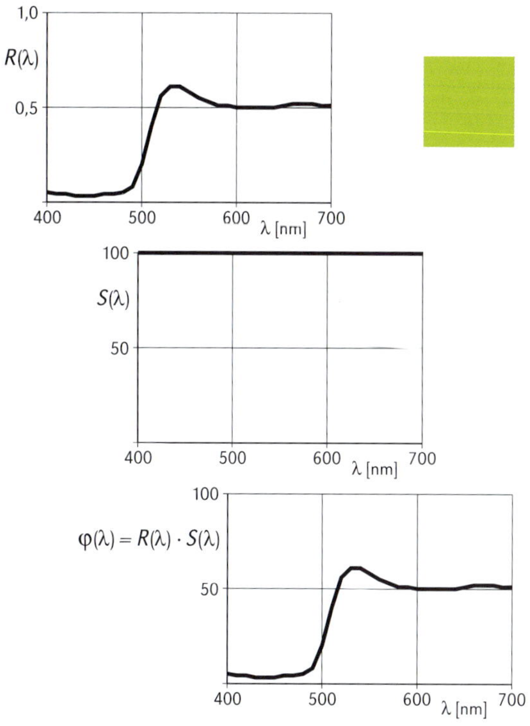

Bild 9/36. Spektraler Reflexionsfaktor $R(\lambda)$; Strahlungsverteilung $S(\lambda)$ der Beleuchtung, energiegleiches Spektrum; Farbreiz $\varphi(\lambda) = R(\lambda) \cdot S(\lambda)$

Trotz relativer Farbkonstanz ist aber nicht zu empfehlen, Vorlagen oder Drucke bei Glühlampenlicht zu beurteilen. Wegen des Ungleichgewichts zwischen rotem und blauem Spektralanteil werden Körperfarben nicht so differenziert wahrgenommen. Zwei ähnliche Körperfarben, die bei spektral gleichmäßig zusammengesetzter Beleuchtung noch zu unterscheiden sind, können unter Glühlampenlicht gleich aussehen. Das betrifft insbesondere die Farbbereiche Weiß, helles Gelb und helles Gelborange sowie dunkles Blau, dunkles Blauviolett und Schwarz.

Ähnliche Probleme kann es bei den in Büros, Läden oder Wohnungen verwendeten Leuchtstoffröhren geben. Das Licht von „Warmton"-Leuchtstoffröhren ähnelt farblich dem Glühlampenlicht und ist schon deshalb schlecht zur Beurteilung von Vorlagen und Drucken geeignet. Aber auch bei Leuchtstoffröhren, die unter Bezeichnungen wie „Neutralweiß" oder „Tageslichtweiß" angeboten werden, kann es Überraschungen geben. Ihr Licht sieht zwar ähnlich wie das Tageslicht aus; die spektralen Strahlungsverteilungen können aber Lücken haben, die das Farbunterscheidungsvermögen in einzelnen Farbbereichen herabsetzen.

Merke: Um Körperfarben möglichst differenziert wahrnehmen zu können, müssen sie mit einem Licht beleuchtet werden, dessen spektrale Zusammensetzung annähernd gleichmäßig ist.

Zusätzliche Informationen: Glühlampenlicht hat immer einen relativ hohen spektralen Rotanteil und einen viel geringeren Blauanteil. Die spektrale Strahlungsverteilung ist aber nicht bei allen Glühlampen genau gleich. Die Kurve in Bild 9/37 zeigt ein standardisiertes Glühlampenlicht, die Normlichtart A nach ISO 10526.

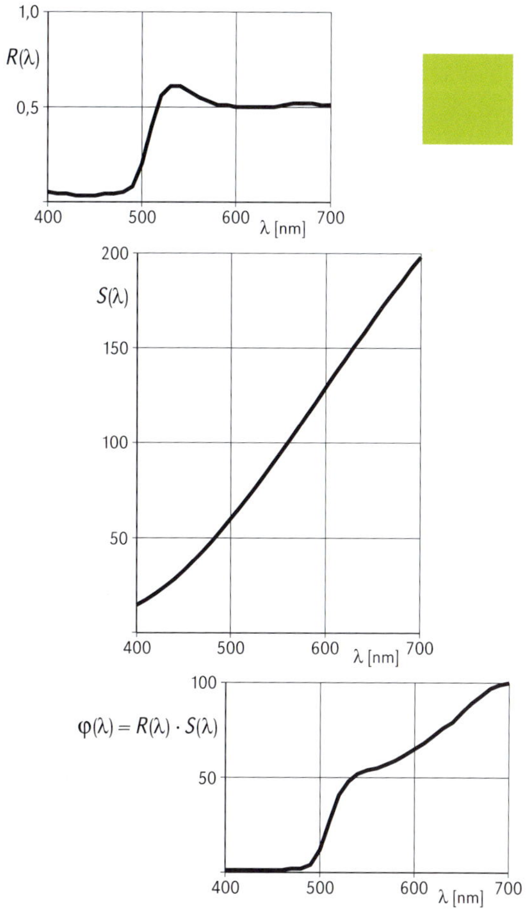

Bild 9/37. Spektraler Reflexionsfaktor $R(\lambda)$; Strahlungsverteilung $S(\lambda)$ der Beleuchtung, Glühlampenlicht; Farbreiz $\varphi(\lambda) = R(\lambda) \cdot S(\lambda)$

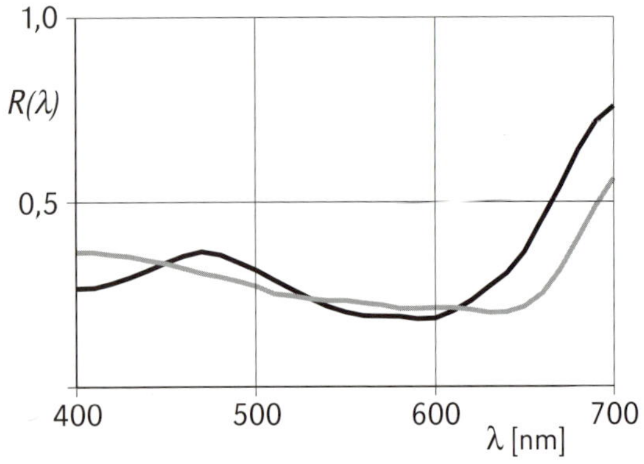

Bild 9/38. Reflexionskurven metamerer (bedingt gleicher) Körperfarben

4.2 Metamerie

Zwei Körperfarben, deren Reflexionskurven deutlich unterschiedlich verlaufen, können trotzdem gleich aussehen. Das ist aber nur bei einer ganz bestimmten Lichtart der Fall. Bei spektral anders zusammengesetztem Licht unterscheiden sie sich leicht bis deutlich voneinander. Diese Erscheinung heißt Metamerie oder bedingte Gleichheit; die Farben sind metamer oder bedingt gleich.
Unbedingt gleiche - nicht metamere - Körperfarben haben gleiche spektrale Reflexionsfaktoren, ihre Reflexionskurven sind deckungsgleich. Sie werden deshalb auch spektral identische Farben genannt. Zwei unbedingt gleiche Körperfarben sehen untereinander immer gleich aus, egal, wie sie beleuchtet werden.

Merke: Zwei metamere (bedingt gleiche) Körperfarben sehen bei einer bestimmten Lichtart gleich aus. Bei einer anderen Lichtart können sie sich voneinander unterscheiden.
Spektral identische Körperfarben haben gleiche Reflexionskurven; sie sind unbedingt gleich (nicht metamer).

Metamerie tritt vor allem dann auf, wenn die zu vergleichenden Körperfarben technisch unterschiedlich hergestellt worden sind. Also z. B. beim Vergleich von gefärbten Textilmustern, Anstrichfarben oder Aquarellfarben mit den autotypisch gemischten Farben eines Offsetdrucks. Auch beim Vergleich fotografischer Vorlagen mit Offsetdrucken kann Metamerie auftreten. Hier ist die Metamerie-Empfindlichkeit aber geringer, weil beide Verfahren zwar nicht dieselben, aber immerhin ähnliche Primärfarben Cyan, Magenta und Yellow verwenden. Dasselbe gilt beim Abstimmen von Digitalproof und Offsetdruck: Primärfarben und Bedruckstoffe sind ähnlich, aber nicht gleich. Beim Vergleich von Druckbogen aus derselben Auflage kann es dagegen keine Metamerie geben, da Druckfarben und Bedruckstoff identisch sind.
Besonders metamerie-empfindlich sind unbunte Farben und Farben mit geringer Buntheit. Am geringsten ist die Metameriegefahr bei sehr bunten Farben.
Es gibt keine Möglichkeit, Metamerie zu verhindern. Die Forderung, eine gedruckte Farbe solle unter allen Bedingungen genau so aussehen wie eine gefärbte Textilprobe, ein Autolack oder eine Aquarellfarbe, ist nicht erfüllbar.

4.3 Fluoreszenz, optische Aufheller

Bei der Reflexion von Licht bleiben die Wellenlängen unverändert; jede reflektierte Welle hat also genau dieselbe Wellenlänge, die sie vor dem Auftreffen auf die reflektierende Substanz hatte. Durch Fluoreszenz kann es dagegen zu einer Veränderung von Wellenlängen kommen. Fluoreszierende Substanzen absorbieren Licht für sehr kurze Zeit (weniger als eine millionstel Sekunde) und emittieren es dann wieder. Dabei können die emittierten Wellen größere Wellenlängen haben als die zuvor absorbierten. Das bedeutet insbesondere, dass nicht sichtbare kurzwellige Strahlung (Ultraviolett) in sichtbares Licht umgewandelt wird.

Dieser Effekt wird genutzt, um Papiere hochweiß erscheinen zu lassen. Dem Ganzstoff oder der Streichmasse werden bei der Papierherstellung optische Aufheller zugesetzt, also fluoreszierende Stoffe, die ultraviolette Strahlung in sichtbares Licht umwandeln. Die optische Aufhellung funktioniert natürlich nur, wenn die Beleuchtung einen kräftigen Ultraviolett-Anteil hat. Das ist beim Tageslicht der Fall; der UV-Anteil im Glühlampenlicht ist dagegen verschwindend gering.

Merke: Optische Aufheller wandeln nicht sichtbare kurzwellige Strahlung (Ultraviolett) in sichtbares Licht um.

4.4 Normlicht

Aus den vorhergehenden Abschnitten ergeben sich mehrere Anforderungen an das Licht, das bei der Farbabmusterung, also bei der Beurteilung oder beim Vergleich von Vorlagen und Drucken, benutzt wird:

- Um Farben möglichst differenziert beurteilen zu können, soll das Spektrum möglichst vollständig sein und etwa gleich hohe Rot-, Grün- und Blauanteile enthalten.
- Um Probleme mit metameren Farben zu vermeiden, soll immer und überall dasselbe Licht benutzt werden.
- Um Drucke auf optisch aufgehellten Papieren zu beurteilen, soll das Licht einen ausreichenden UV-Anteil haben.

Nach der Norm ISO 3664 wird in jedem Fall die Normlichtart D_{50} verwendet, also sowohl zur Beleuchtung von Aufsichtsvorlagen und Drucken als auch zur Durchleuchtung von Diapositiven. Der Versalbuchstabe D gibt an, dass es sich um Tageslicht handelt. Die Zahl 50 steht für die Farbtemperatur 5000 Kelvin (K). Je höher die Farbtemperatur, desto höher ist der relative Blauanteil und desto geringer ist der relative Rotanteil des Lichts. Bei 5000 K ist der rote Anteil geringfügig höher als der blaue, das Licht ist also nahezu „neutral". Zum Vergleich: Das Glühlampenlicht in Bild 9/37 hat die Farbtemperatur 2856 K.

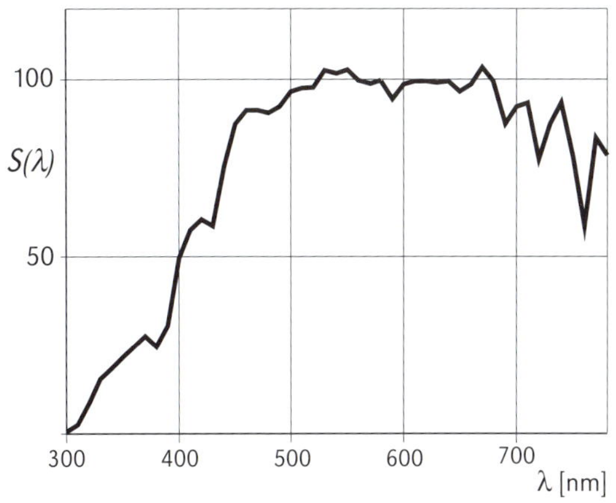

Bild 9/39. Spektrale Strahlungsverteilung der Normlichtart D_{50}

Merke: Nach ISO 3664 wird bei der Farbabmusterung das Normlicht D_{50} benutzt. Das ist Tageslicht mit der Farbtemperatur 5000 Kelvin.
Je höher die Farbtemperatur, desto höher ist der spektrale Blauanteil und desto geringer ist der spektrale Rotanteil des Lichts.

9/15 Wie unterscheidet sich Licht mit der Farbtemperatur 2500 K von Licht mit der Farbtemperatur 7500 K?

Natürliches Tageslicht ist je nach Wetter, Tageszeit, Jahreszeit und geografischer Breite unterschiedlich zusammengesetzt. Konstantes, immer gleiches Licht kann nur mit künstlichen Lichtquellen erzeugt

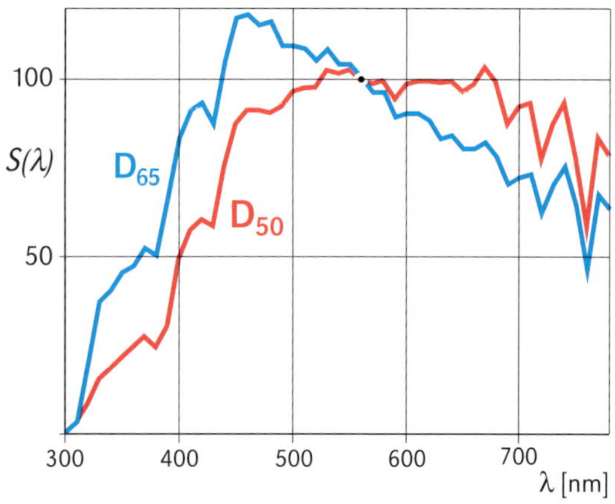

Bild 9/40. Spektrale Strahlungsverteilungen der Normlichtarten D_{50} und D_{65}

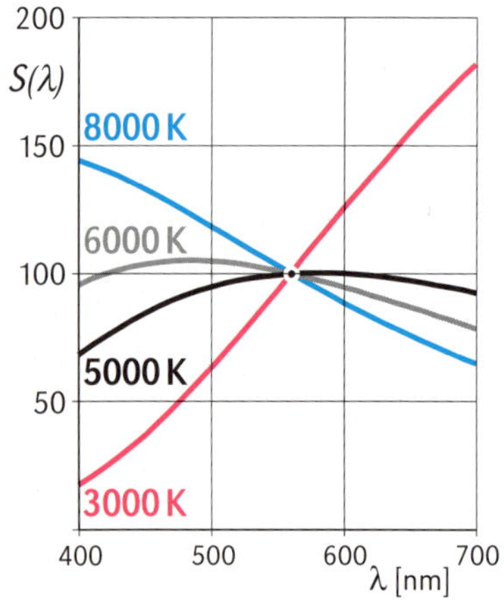

Bild 9/41. Spektrale Strahlungsverteilungen der Hohlraumstrahlung bei unterschiedlichen Temperaturen

werden. In der Praxis werden meistens spezielle Leuchtstoffröhren verwendet. Zwar ist es bisher technisch nicht möglich, Leuchtstoffröhren herzustellen, deren Licht ganz genau mit der Normlichtart D_{50} übereinstimmt. Das Licht guter D_{50}-Leuchtstoffröhren ist aber dem Normlicht so ähnlich, dass die Abweichungen keine praktischen Auswirkungen haben. Durch Alterung wird allerdings die Farbtemperatur geringer, so dass die Röhren, abhängig vom Typ, nach etwa 1500 bis 5000 Brennstunden ausgetauscht werden müssen, auch wenn sie ansonsten noch intakt sind.
In Druckereien wird bei der Abmusterung von Druckbogen anstelle von D_{50} gelegentlich noch die Normlichtart D_{65} benutzt. Das widerspricht zwar der Vorgabe nach ISO 3664, ist aber unbedenklich, weil es beim Vergleich von Druckbogen untereinander keine metameren Farbabweichungen geben kann. Durch die etwas höhere Farbtemperatur (6500 K) können sehr dunkles Blau und Schwarz sowie sehr helles Yellow und Weiß besser voneinander unterschieden werden können. D_{65} sollte aber nicht beim Vergleich von Drucken mit Vorlagen oder Farbmustern benutzt werden. Auch das Abstimmen des Drucks nach einem Analog- oder Digitalproof unter D_{65} ist nicht ganz risikolos.

Zusätzliche Informationen: Die Farbtemperatur kennzeichnet die Farbe des Lichts. Wenn ein Metall erhitzt wird, glüht es bei verhältnismäßig geringer Temperatur dunkelrot. Bei steigender Temperatur verändert sich die Farbe: Rot, Orange, Gelb, Weiß. Je höher die Temperatur, desto geringer ist der relative Rotanteil und desto größer ist der relative Blauanteil im emittierten Licht. Der genaue Zusammenhang zwischen Temperatur und spektraler Verteilung der emittierten Strahlung wurde durch ein physikalisches Experiment ermittelt, bei dem die Strahlung im Inneren eines erhitzten Hohlkörpers (schwarzer Strahler oder Planckscher Strahler) gemessen wurde. Daraus ergab sich eine Gesetzmäßigkeit, das Plancksche Strahlungsgesetz, mit dessen Hilfe sich die spektrale Zusammensetzung der Hohlraumstrahlung für jede Temperatur rechnerisch ermitteln lässt. Bild 9/41 zeigt die spektralen Strahlungsverteilungen für einige Farbtemperaturen.
Eine Lichtquelle heißt Temperaturstrahler, wenn ihre spektrale Strahlungsverteilung deckungsgleich mit der des schwarzen Strahlers bei einer bestimmten Temperatur ist. Glühlampen sind Temperaturstrahler. Die spektralen Strahlungsverteilungen vieler anderer Lichtquellen sind nicht deckungsgleich mit einer Strahlungsverteilung des schwarzen Strahlers, sondern allenfalls ähnlich. Das gilt auch für das Tageslicht. Streng genommen hat deshalb das Normlicht D_{50} nicht die Farbtemperatur 5000 K; vielmehr ist 5000 K die ähnlichste Farbtemperatur zum Normlicht D_{50}.
Kelvin ist die SI-Basiseinheit der Temperatur (SI: Système International d'Unité). Absoluter Nullpunkt 0 K = –273,15 °C, Nullpunkt der Celsiustemperatur 0 °C = 273,15 K.

4.5 Beleuchtungsstärke

Bei der Beurteilung von Vorlagen und Drucken kommt es nicht nur auf die spektrale Zusammensetzung des Lichts an, sondern auch auf eine ausreichende Intensität. Denn nur beim reinen Tagsehen werden Farben ausreichend differenziert wahrgenommen (vgl. Abschnitt 1.2).
Die Größe, um die es hier geht, heißt Beleuchtungsstärke, ihre Einheit ist das Lux (lx). Um Missverständnisse zu vermeiden: Die Beleuchtungsstärke sagt nichts über die Stärke der benutzten Lichtquellen aus, sondern beschreibt den Helligkeitszustand an einer

beleuchteten Fläche. Die Beleuchtungsstärke kann mit dem Fotometer (Luxmeter) gemessen werden.
ISO 3664 sieht zwei unterschiedliche Beleuchtungsstärken für die Beurteilung von Aufsichtsvorlagen und Drucken vor:
- 2000 lx bei der kritischen Beurteilung, also z. B. beim Vergleich zwischen Aufsichtsvorlage oder Proof und Druck.
- 500 lx bei der praktischen Beurteilung. Diese Beleuchtungsstärke entspricht ungefähr den Verhältnissen an Büroarbeitsplätzen und in gut beleuchteten Wohnräumen.

In Druckereien und Druckvorstufenbetrieben geht es in aller Regel um die kritische Beurteilung. Bei der dafür richtigen Beleuchtungsstärke von 2000 lx besteht allerdings die Gefahr, dass Bilder etwas „zu gut" aussehen. Die hohe Beleuchtungsstärke kann sehr geringe Farbunterschiede in den Bildtiefen sichtbar machen, die bei schwächerer Beleuchtung nicht zu sehen sind. Vor allem bei der Gestaltung von Drucksachen sollte deshalb auch eine praktische Beurteilung mit 500 lx stattfinden, um einschätzen zu können, wie sie bei der Betrachtung durch Endverbraucher(innen) wirken.
Diapositive werden zur Begutachtung auf eine Leuchtplatte oder ein Leuchtpult gelegt. Die Durchleuchtung soll dabei so stark sein, dass das Dia etwa gleich hell erscheint wie eine Aufsichtsvorlage bei der Beleuchtungsstärke 2000 lx. Nach ISO 3664 soll die Leuchtdichte deshalb 1270 cd/m² (Candela geteilt durch Quadratmeter) betragen. Das entspricht einer Beleuchtungsstärke von rund 2000 lx.

Merke: Kritische Beurteilung von Aufsichtsvorlagen und Drucken: Beleuchtungsstärke 2000 lx.
Durchleuchtung von Diapositiven: Leuchtdichte 1270 cd/m².

Zusätzliche Informationen: Die Leuchtdichte (Einheit cd/m²) ist die auf die Fläche der Lichtquelle bezogene Lichtstärke. Die Candela (cd) ist die Einheit der Lichtstärke, also der Stärke (Strahlungsleistung) von Lichtquellen. Beispiel: Eine 40 cm × 30 cm große Leuchtplatte mit der Lichtstärke 152,4 cd hat die Leuchtdichte 152,4 cd : (0,4 m · 0,3 m) = 1270 cd/m².
Die Leuchtdichte lässt sich näherungsweise in die ihr entsprechende Beleuchtungsstärke umrechnen, indem sie mit der Zahl π multipliziert wird. Hier also 1270 cd/m² · π ≈ 3990 lx. Weil Diapositive an ihren transparentesten Stellen etwa die Hälfte des auftreffenden Lichts durchlassen, ergibt sich betrachtungsseitig die Beleuchtungsstärke 3990 lx : 2 = 1995 lx, also rund 2000 lx.

Bild 9/42. Umstimmung durch das Umfeld

4.6 Umfeld und Unterlage

In Abschnitt 4.1 wurde bereits auf die Umstimmung des Farbempfindens durch die vorherrschende Beleuchtung hingewiesen. Auch die unmittelbare Umgebung, das Umfeld, einer Körperfarbe kann das Farbempfinden beeinflussen. Bild 9/42 zeigt einige Beispiele: Eine Farbe wird im dunklen Umfeld heller empfunden als im hellen. Im weniger bunten Umfeld erscheint eine Farbe bunter als im bunteren Umfeld. Der Buntton wird in Richtung der Komplementärfarbe des Umfelds verschoben, unbunte Farben bekommen Buntstiche, die komplementär zum Buntton des Umfelds sind. Die Umstimmung durch das Umfeld kann also die Helligkeit, die Buntheit und den Buntton einer Farbe verändern. Diese Erscheinung wird auch simultane Wechselwirkung oder Simultankontrast genannt.

Bild 9/43. Diese graue Fläche reflektiert etwa 20 % des auftreffenden Lichts.

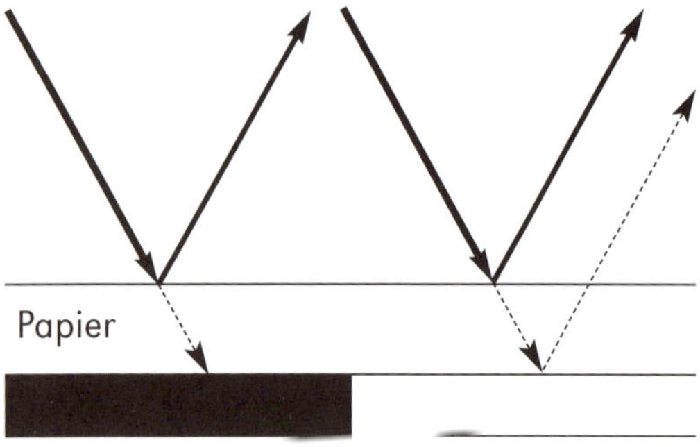

Bild 9/44. Reflexion am Papier bei schwarzer und bei weißer Unterlage

Bei der Abmusterung von Vorlagen und Drucken muss eine Umstimmung durch die Umgebung vermieden werden. Das ist am ehesten gewährleistet, wenn das Umfeld grau ist. Nach ISO 3664 sollen die Oberflächen im Umfeld unbunt und matt sein. Sie sollen zwischen 10 % und 60 % des auftreffenden Lichts reflektieren; empfohlen wird ein „mittleres Grau“ mit etwa 20 % Reflexion.

Merke: Bei der Farbabmusterung soll das Umfeld nach ISO 3664 unbunt und matt sein.

Bei der Beurteilung von Aufsichtsvorlagen und Drucken ist auch die Unterlage wichtig, denn sie scheint je nach Flächenmasse und Stoffzusammensetzung des Papiers mehr oder weniger stark durch. Papier ist nicht vollständig opak (lichtundurchlässig); ein Teil des auftreffenden Lichts durchdringt es und gelangt bis zur Unterlage. Eine schwarze Unterlage absorbiert dieses Licht weitgehend, an einer weißen Unterlage wird es kräftig reflektiert.

9/16 Bild 9/45 (gegenüberliegende Seite) zeigt den Unterschied zwischen weißer und schwarzer Unterlage. Bei anderen Papiersorten ist der Unterschied stärker oder schwächer. Überzeugen Sie sich davon, indem Sie einseitig bedruckte Bogen mit unterschiedlichen Flächenmassen teilweise auf eine weiße und eine schwarze Unterlage legen.

Bei beidseitig bedruckten Bogen scheint auch der rückseitige Druck mehr oder weniger stark durch. Das lässt sich zwar nicht ganz ausschließen, kann aber durch eine schwarze Unterlage erheblich gemildert werden. Damit die Bedingungen in jedem Fall gleich sind, sollte bei der Beurteilung von Aufsichtsvorlagen und einseitig wie beidseitig bedruckten Bogen dieselbe schwarze Unterlage benutzt werden. Nach ISO 3664 ist eine matte, unbunte Unterlage zu verwenden, die das auftreffende Licht zu 2 % bis 4 % reflektiert.

9/17 Bild 9/46 (gegenüberliegende Seite) zeigt das Durchscheinen des rückseitigen Drucks bei weißer und schwarzer Unterlage. Bei anderen Papiersorten scheint die Rückseite stärker oder schwächer durch. Überzeugen Sie sich davon, indem Sie beidseitig bedruckte Bogen mit unterschiedlichen Flächenmassen teilweise auf eine weiße und eine schwarze Unterlage legen.

Merke: Nach ISO 3664 sollen Druckbogen und Aufsichtsvorlagen bei der Abmusterung auf einer schwarzen Unterlage liegen.

4.7 Wiederholung, Lernerfolgskontrolle

1. Warum ist Glühlampenlicht nicht zur Beurteilung von Vorlagen und Druckbogen geeignet?

2. Warum ist das natürliche Tageslicht nicht zur Farbabmusterung geeignet?

3. Was ist Metamerie?

4. Unter welchen Bedingungen ist die Metamerie-Empfindlichkeit sehr hoch, unter welchen Bedingungen ist sie eher gering, in welchem Fall können überhaupt keine metameren Farbabweichungen auftreten?

5. Für die Produktion eines Katalogs für exklusive Produkte aus Leder liefert der Auftraggeber zu jedem Bild ein Produktmuster. Beim Auftragsgespräch sagt er, dass diese Muster „absolut und unter allen Bedingungen farbverbindlich für den Druck" sein sollen. Worauf sollte der Auftraggeber hingewiesen werden?

Bild 9/45. Sichtbare Auswirkung einer weißen und einer schwarzen Unterlage

Bild 9/46 Durchscheinen des rückseitigen Drucks bei weißer und schwarzer Unterlage

6. Die farbliche Qualität eines Druckbogens soll kritisch beurteilt werden. Welche Vorgaben macht ISO 3664 hinsichtlich Normlichtart, Beleuchtungsstärke, Umfeld und Unterlage?

7. Warum sieht ISO 3664 unterschiedliche Beleuchtungsstärken für die kritische und für die praktische Beurteilung vor?

8. Welche Vorgabe macht ISO 3664 für die Durchleuchtung von Diapositiven? In welchem Verhältnis steht sie zur Beleuchtungsstärke bei der Beurteilung von Aufsichtsvorlagen und Drucken?

9. Wie unterscheidet sich die Normlichtart D_{65} von der Normlichtart D_{50}? Was haben beide gemeinsam?

Rückseitiger Druck zu Bild 9/46

5 Bunte Bilder

Die zahlreichen Farben eines Bildes werden im Druck durch autotypische Mischung aus Cyan, Magenta, Yellow und Schwarz erzeugt, am Monitor durch additive Mischung von Rot, Grün und Blau. Bevor ein Bild auf diese Weise gedruckt oder am Monitor gezeigt werden kann, müssen also alle Farben des Bildes in ihre Primärfarbenanteile zerlegt werden. Das geschieht bei der digitalen Bilderfassung mittels Scanner oder Digitalkamera. Diese Bilddaten sind aber keineswegs fertig, sondern müssen noch für das jeweilige Ausgabeverfahren aufbereitet werden. Die umfangreichen und komplizierten Berechnungen, die dabei nötig sind, werden zwar von Programmen erledigt. Wer Bilddaten bearbeitet, braucht aber Hintergrundwissen, um diese Programme richtig zu bedienen.

5.1 Prinzip der Farbzerlegung

5.1.1 Farbzerlegung in RGB-Anteile

In Kapitel 2 wurde erläutert, wie die Sekundär- und Tertiärfarben aus den jeweils drei Primärfarben Rot, Grün und Blau bzw. Cyan, Magenta und Yellow entstehen. Bevor aber ein Bild auf diese Weise am Monitor gezeigt oder auf Papier gedruckt werden kann, sind zunächst einmal die Primärfarbenanteile zu bestimmen, aus denen sich die Mischfarben zusammensetzen. Die zahlreichen Farben eines Fotos oder eines gemalten Bildes müssen also in ihre Primärfarbenanteile zerlegt werden.

Genau das geschieht bei der Digitalisierung bunter Bilder mit Scannern. Beim Scannen wird das Bild in Pixel (Picture elements – Bildelemente) zerlegt. Für jedes Pixel werden die Rot-, Grün- und Blauanteile ermittelt und in einer Bilddatei abgespeichert. Das hier am Beispiel des Scanners erläuterte Prinzip gilt entsprechend für Digitalkameras.

Das an einer Aufsichtsvorlage reflektierte oder durch eine Durchsichtsvorlage transmittierte Licht wird im Scanner zunächst optisch in seine Primärfarbenanteile zerlegt. Dazu dienen drei parallel angeordnete Farbfilter, ein Rot-, ein Grün- und ein Blaufilter. Die Bezeichnung eines Farbfilters bezieht sich auf seine Transmission, also die durchgelassene Lichtfarbe: Ein Rotfilter lässt nur rotes, ein Grünfilter nur grünes und ein Blaufilter nur blaues Licht durch.

Hinter den Filtern befinden sich fotoelektrische Sensoren. Sie wandeln das Licht in schwache elektrische Ströme um – je intensiver das auftreffende Licht, desto stärker ist der Strom. Er wird gemessen und von einem Analog-Digital-Wandler (AD-Wandler) als Zahl ausgegeben, die dann in der Bilddatei gespeichert wird. Dafür wird meistens eine Skala mit den ganzen Zahlen von 0 bis 255 verwendet, wobei 0 für die geringste, 255 für die höchste Lichtintensität steht.

Merke: Scanner zerlegen das von der Vorlage reflektierte (oder transmittierte) Licht in seine Rot-, Grün- und Blauanteile und geben sie als digitale Daten aus.

Unterlagen zu Bild 9/45 und Bild 9/46

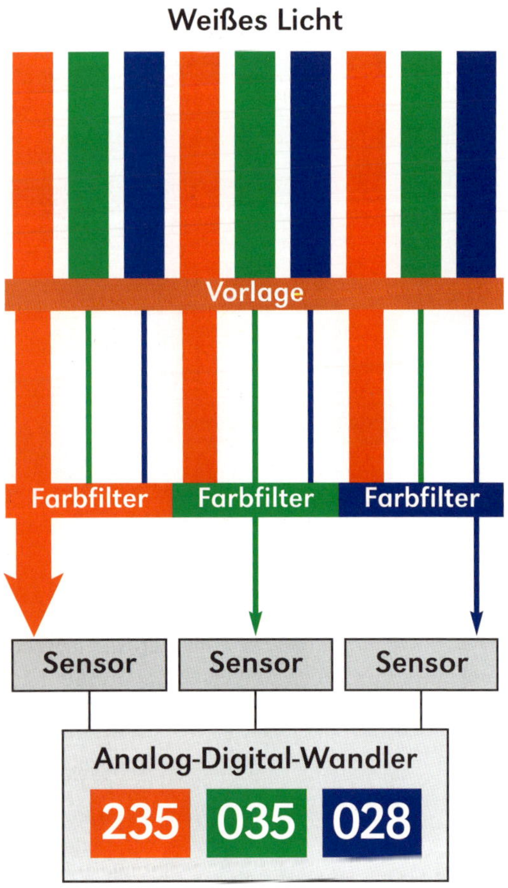

Bild 9/47: Prinzip der Farbzerlegung beim Scannen am Beispiel einer roten Bildstelle

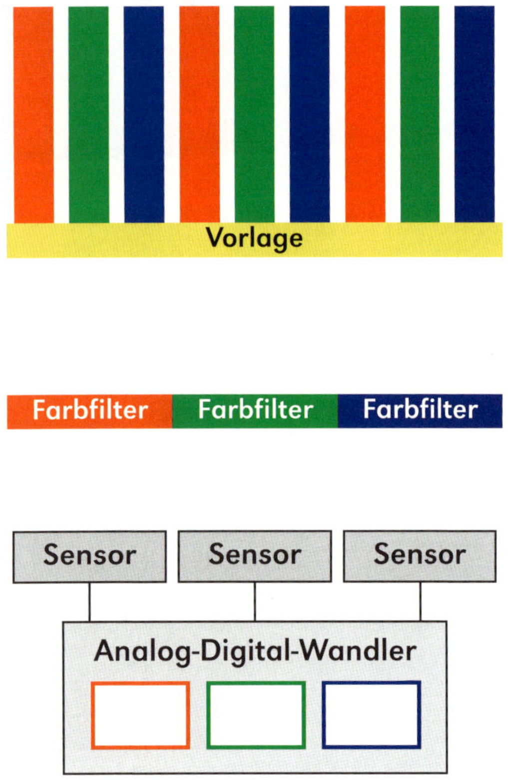

Bild 9/48. Prinzip der Farbzerlegung beim Scannen am Beispiel einer gelben Bildstelle

Bild 9/47 erläutert diesen Vorgang am Beispiel einer roten Bildstelle. Die Durchsichtsvorlage (Diapositiv) lässt hier sehr viel rotes Licht durch, aber wenig grünes und blaues. Durch das Rotfilter gelangt daher eine hohe Lichtintensität zum fotoelektrischen Sensor. Dieser erzeugt einen relativ starken Strom, der vom AD-Wandler als hohe Zahl (hier 235) ausgegeben wird. Die geringen Lichtintensitäten, die durch Grün- und Blaufilter auf die Sensoren gelangen, werden vom AD-Wandler als kleine Zahlen (35 und 28) ausgegeben.

9/18 Im nächsten Bild soll der entsprechende Vorgang für eine gelbe Bildstelle gezeigt werden. Ergänzen Sie bitte die Skizze entsprechend Bild 9/47.

Wenn in der Praxis von RGB-Daten, -Dateien oder -Bildern gesprochen wird, ist das Ergebnis dieser Farbzerlegung gemeint. RGB-Daten können unmittelbar zur Anzeige des Bildes auf einem Monitor benutzt werden. Werden die in Bild 9/47 erzeugten RGB-Werte für eine rote Bildstelle über die Grafikkarte zum Monitor geschickt, so leuchtet der angesteuerte Rot-Leuchtstoff kräftig auf (hoher Wert 235). Grün- und Blau-Leuchtstoff leuchten dagegen nur schwach (niedrige Werte 35 und 28). Der Monitor zeigt also an dieser Stelle ein ziemlich helles, leicht verweißlichtes Rot.

5.1.2 Farbauszüge Cyan, Magenta, Yellow

Um Bilder drucken zu können, müssen die vom Scanner gelieferten RGB-Farbwerte in Cyan-, Magenta- und Yellow-Farbwerte umgewandelt werden. Das ist ein einigermaßen komplizierter Vorgang, auf den in den folgenden Abschnitten genauer eingegangen wird – hier geht es zunächst nur um das grundsätzliche Prinzip.
Die Zahlen für Rot, Grün und Blau sind die Ausgangswerte zur Berechnung der jeweils komplementären Druckfarben. Aus Rot wird also Cyan, aus Grün Magenta und aus Blau Yellow. Dabei verändern sich gleichzeitig die Farbwerte: Hohe Werte werden zu niedrigen, niedrige zu hohen.
Am Beispiel einer roten Bildstelle, R 235 G 35 B 28 (Bild 9/47):
Cyan: 255 – 235 = 20
Magenta: 255 – 35 = 220
Yellow: 255 – 28 = 227
Die Farbwerte für Cyan, Magenta und Yellow werden üblicherweise nicht auf einer Skala von 0 bis 255, sondern als prozentuale Flächendeckungsgrade (Rastertonwerte) angegeben. Deshalb ist noch die Umrechnung in Prozentsätze erforderlich:
Cyan: (20 : 255) · 100 % ≈ 8 %
Magenta: (220 : 255) · 100 % ≈ 86 %
Yellow: (227 : 255) · 100 % ≈ 89 %
Die Rastertonwerte C 8 % M 86 % Y 89 % stehen für ein leicht verweißlichtes und verschwärzlichtes Rot – genau wie die RGB-Werte R 235 G 35 B 28. Das Ergebnis ist also ohne Zweifel richtig. Warum muss aber derart „um zwei Ecken" gedacht und gerechnet werden, wie es oben vorgeführt wurde?
Weißes Papier reflektiert alle drei Lichtfarben ungefähr gleich stark. Um die Farbe Rot zu erzeugen, muss dafür gesorgt werden, dass die

Lichtfarbe Rot stark, die Lichtfarben Grün und Blau dagegen nur schwach reflektiert werden. Die Druckfarben Cyan, Magenta und Yellow absorbieren jeweils die im Farbkreis gegenüberliegende Lichtfarbe (Abschnitt 2.3). Um also die Farbe Rot auf dem Papier zu erzeugen, wird wenig oder kein Cyan gedruckt, denn Cyan absorbiert die Lichtfarbe Rot. Um die Reflexion von grünem und blauem Licht zu unterdrücken, wird viel Magenta (Grünabsorption) und viel Yellow (Blauabsorption) gedruckt.

Merke: Die Farbwerte für Cyan, Magenta und Yellow werden aus den Farbwerten der jeweils komplementären Lichtfarben errechnet.

9/19 Rechnen Sie bitte – wie oben gezeigt – die RGB-Farbwerte R 150 G 240 B 10 in prozentuale Farbwerte für Cyan, Magenta und Yellow um.

R 150 ______________________________

____

G 240 ______________________________

____

B 10 ______________________________

____

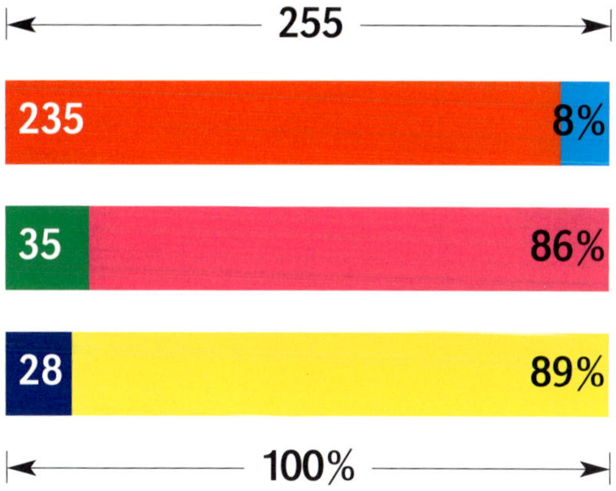

Bild 9/49. Rechnerische Entsprechung von RGB- und CMY-Farbwerten

5.2 Vierfarbiger Druck

5.2.1 Unvollkommenheit der Druckfarben

Die Primärfarben Cyan, Magenta und Yellow sollen bestimmte spektrale Anteile des auffallenden Lichts möglichst stark reflektieren und die übrigen möglichst stark absorbieren (Hauptreflexionen und Hauptabsorptionen, vgl. Abschnitt 2.3). Im theoretisch besten Fall würde die Druckfarbe Cyan den blauen und grünen Bereich des sichtbaren Spektrums vollständig und den roten gar nicht reflektieren. Entsprechend beim Magenta (volle Reflexion im blauen und roten Bereich, keine im grünen) und beim Yellow (volle Reflexion im grünen und roten Bereich, keine im blauen). Solche Farben heißen theoretische Optimalfarben oder Idealfarben. Theoretische Optimalfarben können nicht technisch hergestellt werden. Sie sind ein theoretisches Modell, dem die realen Druckfarben mehr oder weniger gut angenähert sind.

Merke: Theoretische Optimalfarben reflektieren bestimmte Wellenlängen vollständig und die übrigen gar nicht. Es ist nicht möglich, theoretisch optimale Farben technisch herzustellen.

Bild 9/50 zeigt die Reflexionskurven der theoretischen Optimalfarben und der im Offsetdruck verwendeten Skalendruckfarben (Prozessdruckfarben) Cyan, Magenta und Yellow, gedruckt auf weißem Bilderdruckpapier. Die Kurven zeigen, dass sich die Druckfarben

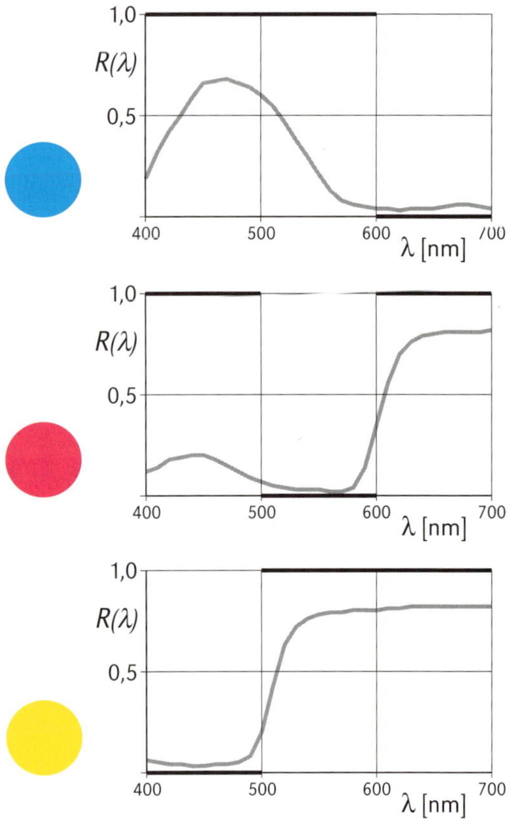

Bild 9/50. Reflexionskurven der theoretischen Optimalfarben (schwarz) und realer Skalendruckfarben (grau)

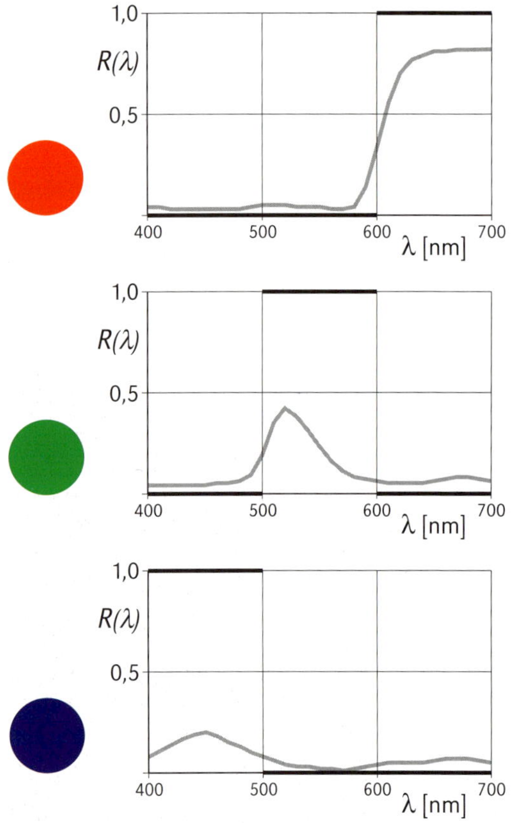

Bild 9/51. Reflexionskurven theoretisch optimaler und realer Sekundärfarben

Cyan und Magenta stark von den Optimalfarben unterscheiden, während Yellow der Optimalfarbe recht nahe kommt.
Die Abweichungen von den theoretischen Optimalfarben werden zusammengefasst als Unvollkommenheiten der Druckfarben bezeichnet. Im Einzelnen sind das:

- Verschwärzlichung: In den Hauptreflexionsbereichen wird das Licht nicht vollständig reflektiert, sondern teilweise absorbiert. Von den drei Skalendruckfarben ist Cyan am stärksten und Yellow am wenigsten verschwärzlicht.
- Verweißlichung: In den Hauptabsorptionsbereichen wird das Licht nicht vollständig absorbiert, sondern teilweise reflektiert. Die Farben sind nicht vollständig gesättigt.
- Bunttonfehler: Reale Druckfarben haben nicht dieselben Bunttöne wie theoretische Optimalfarben. Die Druckfarbe Magenta ist viel rötlicher als die Optimalfarbe. Das ist deutlich an der Reflexionskurve zu erkennen, die eine sehr starke Verschwärzlichung im blauen und eine relativ geringe Verschwärzlichung im roten Bereich des Spektrums zeigt. Cyan ist deutlich bläulicher als die Optimalfarbe, Yellow weicht kaum vom Buntton der Optimalfarbe ab. Magenta hat also den größten, Yellow den geringsten Bunttonfehler.

Merke: Reale Druckfarben sind unvollkommen. Sie sind verschwärzlicht, verweißlicht und haben Bunttonfehler.

Die Mischung nicht optimaler Primärfarben ergibt natürlich Sekundärfarben, die ebenfalls stark vom Optimum abweichen. Bild 9/51 zeigt die optimalen und die realen Reflexionskurven der Sekundärfarben, die entstehen, wenn jeweils zwei Primärfarben mit 100 % Flächendeckungsgrad übereinander gedruckt werden. Das Blau ist extrem verschwärzlicht, das Rot liegt vergleichsweise nahe am Optimum, das Grün irgendwo dazwischen.

Zusätzliche Informationen: Die Skalendruckfarben (Prozessdruckfarben) wurden 1971 als DIN 16539, Europäische Farbenskala für den Offsetdruck, genormt. Diese Norm wurde inzwischen durch die internationale Normenreihe ISO 2846 ersetzt. ISO 2846 enthält, ebenso wie DIN 16539, Vorschriften für die Prüfung von Druckfarben im Labor. Wie die Skalendruckfarben in der Praxis aussehen sollen, ist in ISO 12647-2 für den Bogen- und Rollenoffsetdruck auf fünf unterschiedlichen Papiertypen beschrieben. Eine ausführlichere Darstellung zur Standardisierung der Farben im Offsetdruck folgt in Abschnitt 8.1.1.
Die Unvollkommenheiten der Druckfarben werden gelegentlich mit anderen als den oben verwendeten Begriffen gekennzeichnet, die aber im Ergebnis dasselbe bedeuten wie Verschwärzlichung, Verweißlichung und Bunttonfehler.

- Verschwärzlichung: Die Druckfarben haben mangelhafte (eingeschränkte) Hauptreflexionen. Sie haben Nebenabsorptionen oder Nebenfarbdichten, absorbieren also Licht, das von den entsprechenden Optimalfarben nicht absorbiert würde.
- Verweißlichung: Die Druckfarben haben mangelhafte (eingeschränkte) Hauptabsorptionen. Sie haben Neben- oder Fehlreflexionen, reflektieren also Licht, das von den entsprechenden Optimalfarben nicht reflektiert würde.
- Bunttonfehler: Die Druckfarben sind verschoben. Cyan ist nach Magenta verschoben (d. h. zu bläulich), Magenta ist nach Yellow verschoben (d. h. zu rötlich), Yellow ist kaum verschoben.

5.2.2 „Nicht-druckbare" Farben

Aus Cyan, Magenta und Yellow lassen sich zwar viele Farben mischen – aber längst nicht alle. Unter günstigsten Bedingungen ist die Menge der Farben, die durch autotypische Mischung der Skalendruckfarben erzeugt werden kann, etwa halb so groß wie die Menge aller natürlichen und künstlich herstellbaren Körperfarben.
Die Unvollkommenheiten der Skalendruckfarben schränken die maximalen Buntheiten der Mischfarben ein. Am auffälligsten ist das bei blauen und violetten Farben. Andere Medien, z. B. Diapositive, können erheblich buntere Blaus und Violetts darstellen. Wenn ein Dia ein sehr buntes Violett enthält, kann im vierfarbigen Druck bestenfalls ein Violett gelingen, das in Buntton und Helligkeit der Vorlage entspricht, aber deutlich weniger bunt ist.
Auch Druckfarben können erheblich bunter sein als die Mischfarben aus Cyan, Magenta und Yellow. Die HKS-Skala enthält eine ganze Reihe solcher Farben. HKS-Druckfarben werden nicht aus Cyan, Magenta und Yellow gemischt, sondern mit u. a. orangen, roten, grünen, blauen und violetten Farbpigmenten hergestellt.

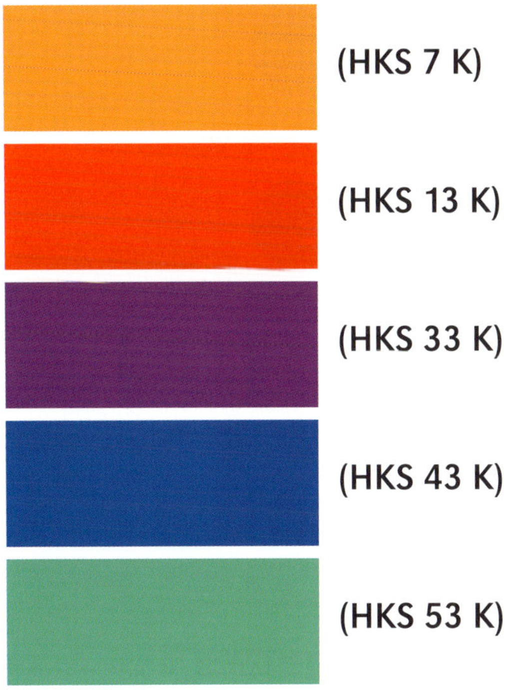

Bild 9/52. Annäherungen an HKS-Farben

9/20 Bild 9/52 zeigt Annäherungen an HKS-Farben, die mit den Skalendruckfarben Cyan, Magenta und Yellow gedruckt wurden. Vergleichen Sie diese Farben bitte mit den entsprechenden Mustern in einem HKS-K-Farbfächer.

Auch Monitore erzeugen sehr bunte Farben, die im vierfarbigen Druck nicht mit annähernd gleicher Buntheit dargestellt werden können. Besonders groß ist der Unterschied bei den grünen und blauen Farben, etwas weniger deutlich bei den roten.

9/21 Stellen Sie bitte mit dem RGB-Farbwähler eines beliebigen Programms das bunteste Grün (R 0 G 255 B 0) und das bunteste Blau (R 0 G 0 B 255) ein. Bild 9/53 zeigt zum Vergleich einige Grüns und Blaus, die mit Skalendruckfarben erzeugt wurden. Zwar dürfte kein Buntton genau mit der entsprechenden Monitorfarbe übereinstimmen. Der Vergleich zeigt aber deutlich, dass die gedruckten Farben in keinem Fall die Buntheiten der Monitorfarben erreichen.

Bild 9/53. Zum Vergleich mit den Monitorfarben R 0 G 255 B 0 und R 0 G 0 B 255

5.2.3 Basiskorrektur

In Abschnitt 5.1.2 wurde gezeigt, wie die vom Scanner nach der Vorlage erzeugten RGB-Werte rechnerisch in CMY-Werte für den Druck umgewandelt werden können. Eine einfache rechnerische Umwandlung bringt aber unbrauchbare Ergebnisse, weil sie die Unvollkommenheiten der Skalendruckfarben (Abschnitt 5.2.1) nicht berücksichtigt. Im Vergleich zur Vorlage würden alle bunten Farben im Druck zu stark verschwärzlicht und zugleich zu stark verweißlicht wiedergegeben, also mit erheblich zu geringer Buntheit. Die Farbwerte für Cyan, Magenta und Yellow müssen deshalb so verändert (korrigiert) werden, dass im Druck möglichst dieselben Buntheiten wie in der Vorlage entstehen. Diese Korrekturen heißen zusammengefasst Basis- oder Grundkorrektur.

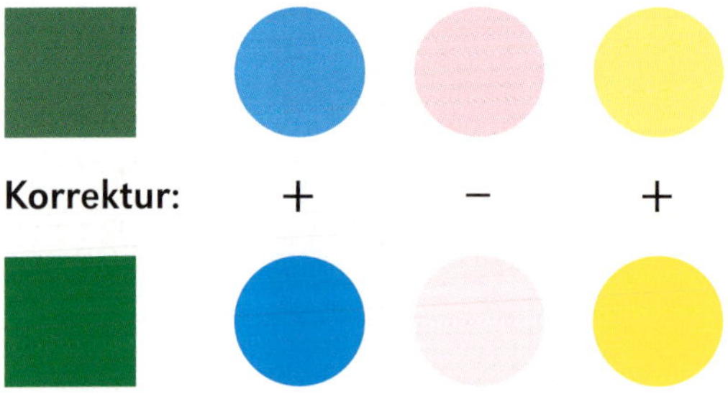

Bild 9/54. Basiskorrektur einer grünen Farbe

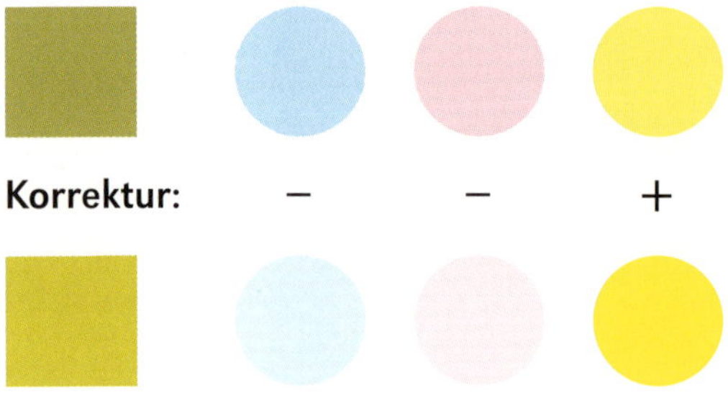

Bild 9/55. Basiskorrektur einer gelben Farbe

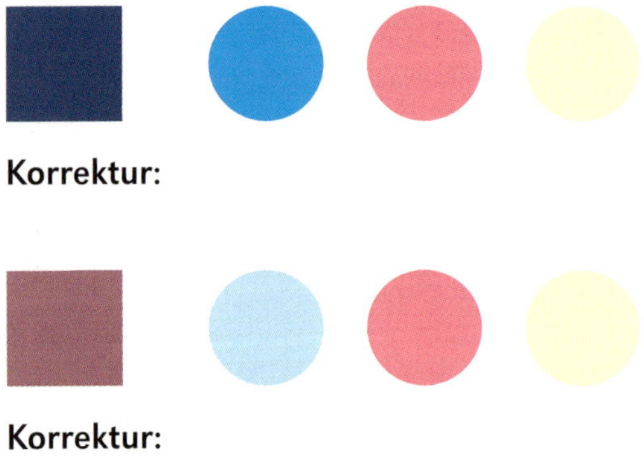

Bild 9/56. Basiskorrektur – bitte Plus- und Minuskorrekturen angeben!

Bild 9/57. Zusammendrucke von Cyan, Magenta, Yellow mit gleichen Flächendeckungsgraden; darunter zum Vergleich unbuntes Grau

Beispiel: Der Scanner liefert für eine grüne Bildstelle die Farbwerte R 60 G 190 B 60. Durch schematisches Umrechnen wird daraus C 76 % M 24 % Y 76 %. Weil die Druckfarben verschwärzlicht und verweißlicht sind, ist auch die grüne Mischfarbe im Verhältnis zum Grün der Vorlage viel zu stark verschwärzlicht und verweißlicht. Cyan und Yellow werden deshalb plus-korrigiert, um die Verweißlichung der grünen Mischfarbe zu verringern. Magenta wird minus-korrigiert, um die Verschwärzlichung zu verringern.

Bild 9/54 und Bild 9/55 sind als Beispiele für Art und Richtung der Korrekturen zu verstehen. Die genauen Korrekturstärken hängen von vielen Faktoren ab, die sich nicht zu einer einfachen Regel oder einem einfachen Rechenweg zusammenfassen lassen. Bereits die Verwendung eines anderen Papiers (z. B. Natur- statt Bilderdruckpapier) erfordert andere Korrekturstärken.

Allgemein gilt für die Basiskorrektur: Die Primärfarben, die den Grad der Sättigung bestimmen, werden plus-korrigiert, um die Sättigung der Mischfarbe zu erhöhen (die Verweißlichung zu verringern). Die Primärfarben, die den Grad der Verschwärzlichung bestimmen, werden minus-korrigiert, um die Verschwärzlichung der Mischfarbe zu verringern. Einfacher gesagt: Relativ hohe Farbwerte werden erhöht, relativ geringe Farbwerte werden verringert.

Das Problem der „nicht-druckbaren“ Farben kann die Basiskorrektur natürlich nicht lösen. Wenn bereits die unkorrigierte Umrechnung z. B. die Farbwerte C 100 % M 100 % Y 0 % ergibt, sind keine Plus- und Minuskorrektur möglich. Es bleibt also bei einem Blau, das deutlich weniger bunt ist als das Blau der Vorlage.

9/22 Kennzeichnen Sie bitte die erforderlichen Korrekturen zu den in Bild 9/56 gezeigten unkorrigierten Farbwerten durch Plus- und Minuszeichen.

Merke: Die Basis- oder Gundkorrektur soll die Verschwärzlichung und Verweißlichung der Skalendruckfarben soweit wie möglich ausgleichen. Ohne Basiskorrektur würden alle bunten Farben der Vorlage im Druck viel zu geringe Buntheiten haben.

Relativ hohe Farbwerte werden erhöht (plus-korrigiert), um die Sättigung zu erhöhen (die Verweißlichung zu verringern). Relativ niedrige Farbwerte werden reduziert (minus-korrigiert), um die Verschwärzlichung zu verringern.

5.2.4 Graubalancekorrektur

Ein zusätzliches Problem sind unbunte und nahezu unbunte Farben. Ein neutrales Grau hat drei gleiche RGB-Farbwerte, also zum Beispiel R 128 G 128 B 128. Schematisch umgerechnet wären das jeweils 50 % für Cyan, Magenta und Yellow. Wegen der unterschiedlich starken Verschwärzlichungen und der Bunttonfehler der Skalendruckfarben ergeben drei gleiche Flächendeckungsgrade aber kein unbuntes Grau, sondern ein Braun.

Dieser Fehler wird durch die Graubalancekorrektur ausgeglichen. Sie verringert die Flächendeckungsgrade für Magenta und Yellow so weit, dass sich im Zusammendruck der drei Primärfarben unbuntes Grau ergibt. Der Druck von unbunten Farben, die aus den drei bunten Druckfarben Cyan, Magenta und Yellow aufgebaut sind, ist aber sehr kritisch. Schon kleine Schwankungen bei der Färbung können Buntstiche hervorrufen. Es ist deshalb keineswegs sicher, dass die korrigierten Farben in Bild 9/58 absolut unbunt sind. Sicher ist aber, dass sie viel näher am Unbunt liegen als die unkorrigierten.

Merke: Die Graubalancekorrektur verändert die Farbwerte so, dass unbunte Farben der Vorlage auch im Druck unbunt werden. Ohne diese Korrektur würden sich braune statt unbunter Farben ergeben.

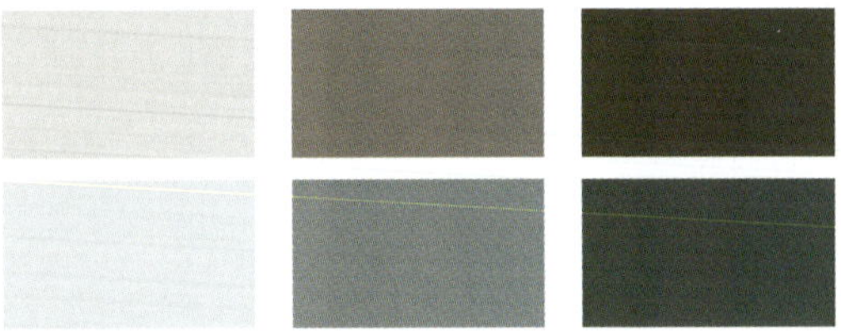

Bild 9/58: Dreifarbig aufgebautes Grau – unkorrigiert (oben) und korrigiert (unten)
Flächendeckungsgrade in der unteren Reihe:
C 10 % M 8 % Y 7 % C 50 % M 38 % Y 37 %
C 80 % M 70 % Y 68 %

5.2.5 Tonwertzunahme im Druck

Bei der Übertragung vom Film auf die Druckplatte verändern sich die Flächendeckungsgrade. Auf Positivplatten sind sie etwas geringer („spitzer"), auf Negativplatten etwas höher („voller") als auf dem Film. Bei filmloser Druckplattenherstellung (Computer-to-Plate) entfällt dieser Übertragungsschritt. Beim Drucken nehmen die Flächendeckungsgrade kräftig zu; auf dem Bedruckstoff sind sie deshalb nicht nur höher als auf der Druckplatte, sondern bei kopiertechnisch hergestellten Platten auch höher als auf dem Film. Die Stärke der Tonwertzunahme hängt wesentlich von Bedruckstoff, Rasterweite und Druckplatte (Positiv-, Negativ- oder filmlos hergestellte Platte) ab. Sie wird grafisch als Druckkennlinie dargestellt.
Ohne korrigierende Eingriffe würden die meisten Farben aufgrund der Tonwertzunahme zu dunkel und zu stark verschwärzlicht werden. Deshalb werden vorab in den Bilddaten alle Flächendeckungsgrade um die erwartete Zunahme verringert.

Merke: Um die Tonwertzunahme im Druck auszugleichen, werden die Rastertonwerte in den Bilddaten entsprechend reduziert.

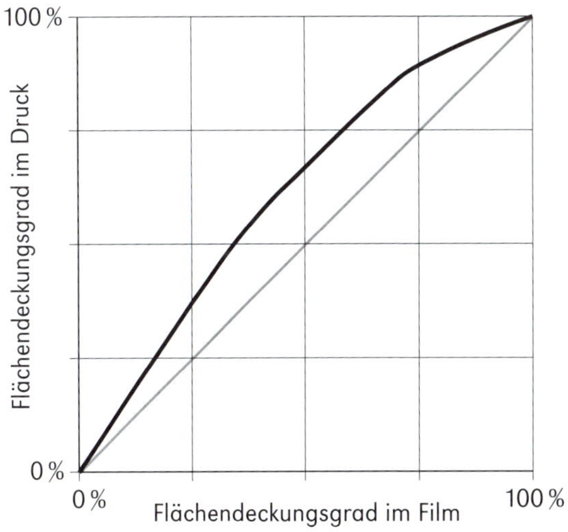

Bild 9/59 Druckkennlinie
Die Tonwertzunahme entspricht etwa ISO 12647-2, glänzend gestrichenes Papier, Rasterweite 60/cm, Positivplatten. Bei filmlos hergestellten Druckplatten (Computer-to-Plate) wird auf der Abszisse (*x*-Achse) anstelle des Flächendeckungsgrads im Film der Flächendeckungsgrad auf der Druckplatte abgetragen.

5.2.6 Schwarzauszug, Unterfarbenentfernung

Drei hohe, untereinander gleiche Flächendeckungsgrade, z. B.
C 96 % M 96 % Y 96 %
ergeben im Druck mit Skalenfarben kein unbuntes Schwarz, sondern ein Dunkelbraun. Das lässt sich zwar durch die Graubalancekorrektur bereinigen. Die korrigierten Werte
C 96 % M 90 % Y 89 %
ergeben aber auch kein Tiefschwarz, sondern eher ein dunkles Grau. Es ist zwar möglich, Bilder ausschließlich mit den drei Primärfarben Cyan, Magenta und Yellow zu drucken – die Bildtiefen wirken aber „flau", also zu hell und arm an Kontrasten. Aus diesen Gründen wird Schwarz als zusätzliche (Hilfs-)Druckfarbe eingesetzt.
Im einfachsten Fall werden alle Farben des Bildes unverändert aus Cyan, Magenta und Yellow aufgebaut. Nur in dunklen Bildstellen mit geringer Buntheit kommt zur Unterstützung noch die Druckfarbe Schwarz hinzu. Der Flächendeckungsgrad für Schwarz wird im vierfarbigen Druck meistens mit dem Versalbuchstaben K gekennzeichnet (vom englischen Begriff black *k*ey – Schwarzauszug, -druckplatte). Eine schwarze Bildstelle kann dann so aufgebaut sein:
C 96 % M 90 % Y 89 % K 80 %

Dieses Verfahren heißt Buntaufbau, weil alle Farben im Grundsatz durch Mischung der drei bunten Primärfarben entstehen. Schwarze Druckfarbe kommt nur zur Unterstützung dunkler Farben mit geringer Buntheit hinzu. Der Schwarzauszug wird Skelettschwarz genannt, weil er vergleichsweise wenig druckende Elemente enthält und wie ein Gerippe des Bildes aussieht.

Merke: Beim Buntaufbau mit Skelettschwarz werden alle Mischfarben aus Cyan, Magenta und Yellow erzeugt. Schwarz druckt nur in dunklen Bildstellen mit geringer Buntheit.

9/23 Bei welchen Farben kommt im Buntaufbau mit Skelettschwarz noch schwarze Druckfarbe hinzu? Bitte ankreuzen.

- C 65 % M 50 % Y 5 %
- C 25 % M 20 % Y 20 %
- C 90 % M 85 % Y 85 %
- C 20 % M 95 % Y 97 %

Mehrfarben-Offsetdruckmaschinen drucken nass-in-nass; bei der Übertragung der zweiten, dritten und vierten Druckfarbe auf den Bedruckstoff sind die vorher gedruckten Farben noch nicht getrocknet. Ab einer bestimmten Druckfarbenmenge kommt es dabei zu Farbannahmeproblemen und eventuell zu Schwierigkeiten bei der Trocknung der Druckfarben.

Das Maß für die Menge der Druckfarben ist die maximale Flächendeckungssumme (Tonwertsumme, Farbsumme). Das ist die Summe aus den höchsten Flächendeckungsgraden aller vier Farben. Beim oben gezeigten Beispiel also:

C 96 % + M 90 % + Y 89 % + K 80 % = 355 %.

Für den Nass-in-Nass-Offsetdruck ist das zu viel. Beim Bogenoffsetdruck sollte die Flächendeckungssumme nicht höher als 300 % bis 320 % sein. Im Rollenoffsetdruck sind etwa 280 % bis 300 % möglich, im Zeitungsoffsetdruck ungefähr 240 % bis 250 %.

Um die Flächendeckungssumme zu verringern, werden die Flächendeckungsgrade in den drei bunten Druckfarben reduziert und zum Ausgleich beim Schwarz angehoben. Also zum Beispiel:

C 79 % + M 69 % + Y 68 % + K 96 % = 310 %.

Dieses Verfahren heißt Under Color Removal (abgekürzt UCR), Unterfarbenentfernung oder Buntfarbenentfernung.

Mit UCR hergestellte Farbsätze sind im Grundsatz bunt aufgebaut, die meisten Farben entstehen aus der Mischung von Cyan, Magenta und Yellow. UCR wirkt nur dort, wo die höchstens druckbare Flächendeckungssumme sonst überschritten würde, also in dunklen und wenig bunten Bildstellen. Hellere und buntere Bildstellen verändern sich nicht, weil die Flächendeckungssummen dort ohnehin unter dem Grenzwert liegt.

Merke: Beim Buntaufbau mit Unterfarbenentfernung (UCR) wird die Flächendeckungssumme in dunklen und wenig bunten Bildstellen verringert. Ohne UCR entstehen Farbannahmeprobleme beim Nass-in-Nass-Offsetdruck.

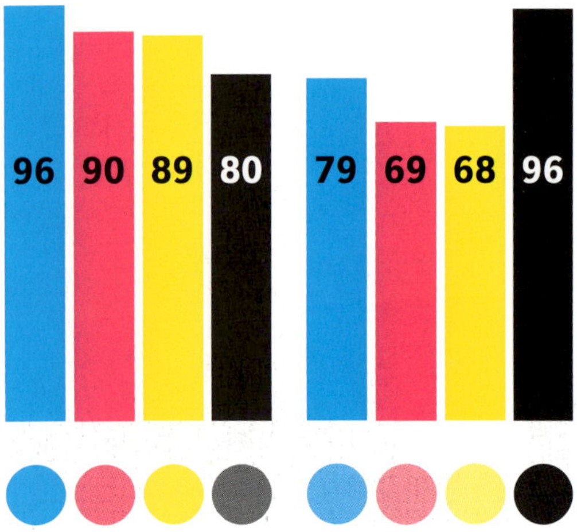

Bild 9/60. Farbwerte einer schwarzen Bildstelle – links im Buntaufbau mit Skelettschwarz, rechts mit Unterfarbenentfernung

Buntaufbau ohne UCR

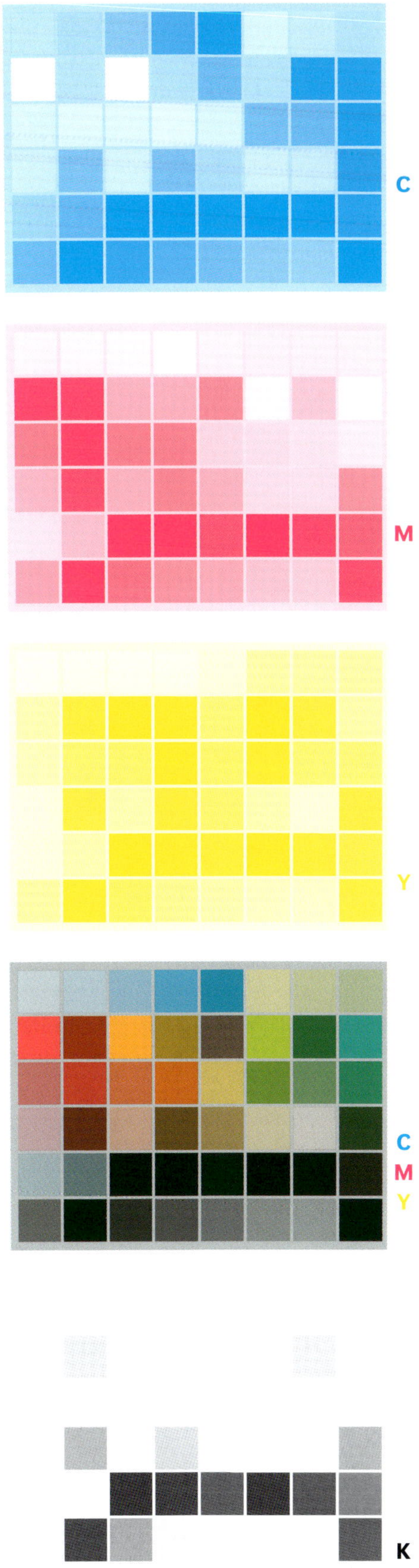

Bild 9/61a. Buntaufbau ohne Unterfarbenentfernung, maximale Flächendeckungssumme rund 370 %

Buntaufbau mit UCR

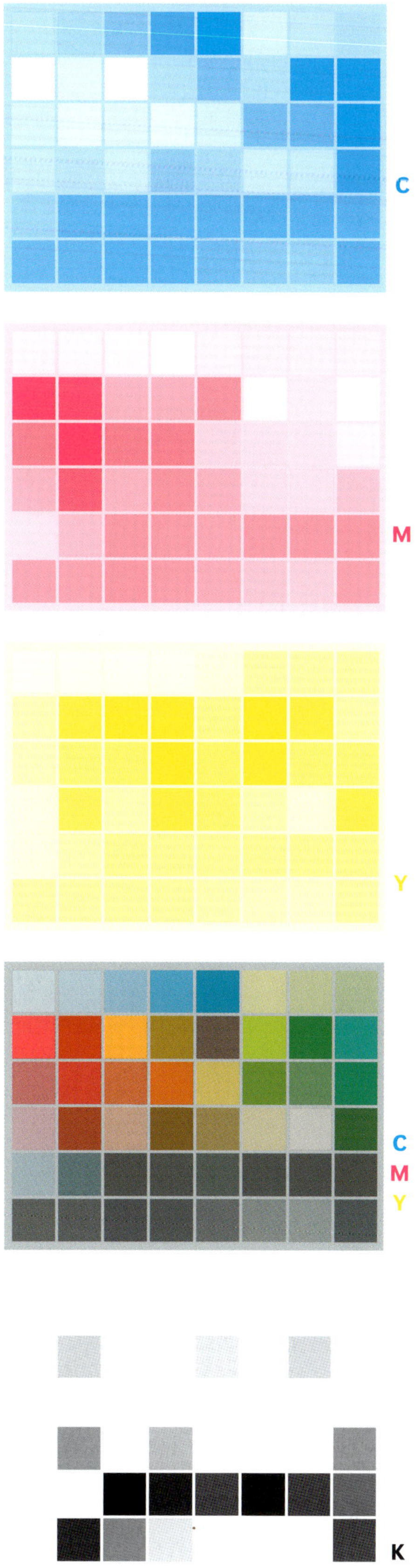

Bild 9/61b. Buntaufbau mit Unterfarbenentfernung, maximale Flächendeckungssumme rund 300 %

Unbuntaufbau mit UCA

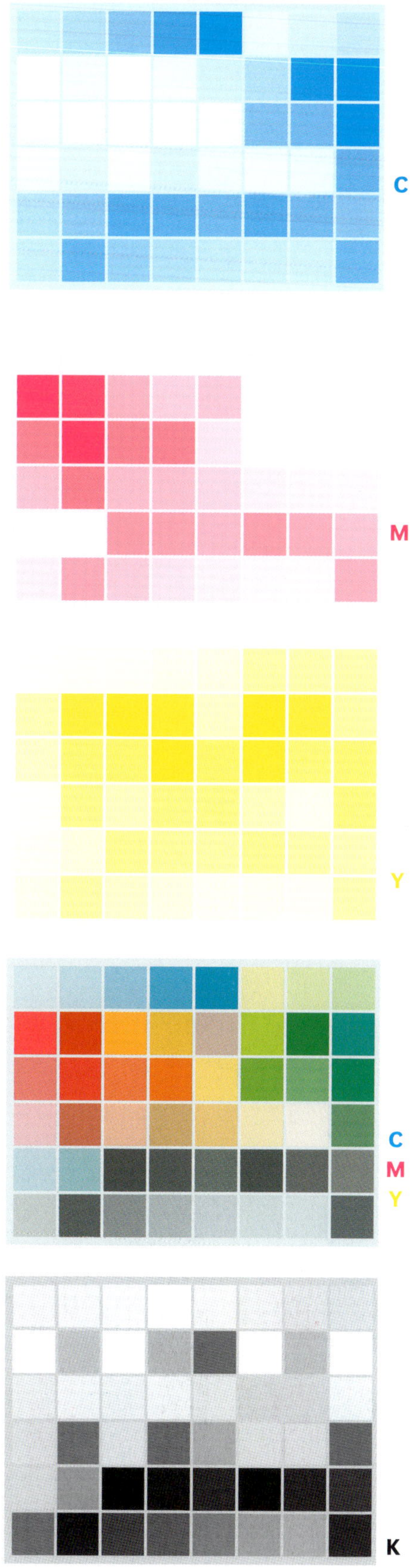

Bild 9/61c. Unbuntaufbau mit Buntfarbenzugabe, maximale Flächendeckungssumme rund 300 %

9/24 Beim Buntaufbau mit Skelettschwarz ergaben sich für vier ausgewählte Farben die folgenden Farbwerte. Bei welchen hätte eine Unterfarbenentfernung, maximale Flächendeckungssumme 300 %, andere Farbwerte ergeben? Bitte ankreuzen.

- C 96 % M 84 % Y 0 % K 0 %
- C 86 % M 95 % Y 91 % K 60 %
- C 50 % M 39 % Y 38 % K 0 %
- C 20 % M 78 % Y 98 % K 0 %

5.2.7 Unbuntaufbau

Beim Unbuntaufbau (Schwarzaufbau) geht es um eine grundsätzlich andere Art und Weise des Bildaufbaus. Um das zu verdeutlichen, noch einmal eine kurze Zusammenfassung des Buntaufbaus. Beim Buntaufbau von vierfarbig gedruckten Bildern werden alle Farben grundsätzlich als Mischung aus Cyan, Magenta und Yellow erzeugt. Schwarz wird nur dort eingesetzt, wo die Mischung der drei bunten Farben keine ausreichend dunklen, unbunten Farben ergibt. Auch die Unterfarbenentfernung bringt keine grundlegende Änderung; sie verringert ja lediglich die CMY-Anteile in dunklen Bildstellen und gleicht das durch mehr Schwarz aus.

Im Buntaufbau werden Tertiärfarben durch Mischen aller drei Primärfarben erzeugt. Ein verschwärzlichtes Cyan entsteht also, indem der Primärfarbe Cyan die Komplementärfarbe Rot (Magenta + Yellow) hinzugefügt wird: C 95 % M 25 % Y 25 %

Ein verschwärzlichtes Rot-Orange entsteht, indem der Sekundärfarbe Rot-Orange (Magenta und Yellow) die Komplementärfarbe Cyan hinzugefügt wird: C 40 % M 70 % Y 95 %

Die Entstehung einer Tertiärfarbe kann aber auch so verstanden werden, dass eine Primär- oder Sekundärfarbe durch Hinzufügen grauer Farbe an Buntheit verliert. Jede Tertiärfarbe kann also gedanklich zerlegt werden in einen Buntanteil (Cyan, Rot-Orange usw.) und einen Unbuntanteil (Grau).

Um das Verständnis des Unbuntaufbaus zu erleichtern, beziehen sich die folgenden Überlegungen und Berechnungen nicht auf reale, unvollkommene Druckfarben, sondern auf theoretische Optimalfarben. Der Anschaulichkeit halber wird also unterstellt, dass drei gleiche Flächendeckungsgrade (z. B. C 25 % M 25 % Y 25 %) Unbunt ergeben (was bei realen Druckfarben natürlich nicht der Fall ist, vgl. Abschnitt 5.2.4). Unter dieser vereinfachenden Annahme kann die Tertiärfarbe „verschwärzlichtes Cyan" so in einen Unbunt- und einen Buntanteil zerlegt werden:

Buntaufbau	C 95 %	M 25 %	Y 25 %
Unbuntanteil	C 25 %	M 25 %	Y 25 %
Buntanteil	C 70 %	M 0 %	Y 0 %

Der Unbuntanteil ergibt sich aus dem niedrigsten der drei Flächendeckungsgrade, hier also 25 %. Der Buntanteil errechnet sich dann, indem die Flächendeckungsgrade des Unbuntanteils von den Flächendeckungsgraden der ursprünglichen, bunt aufgebauten Tertiärfarbe subtrahiert werden.

Anstelle des dreifarbig aufgebauten Unbuntanteils kann schwarze

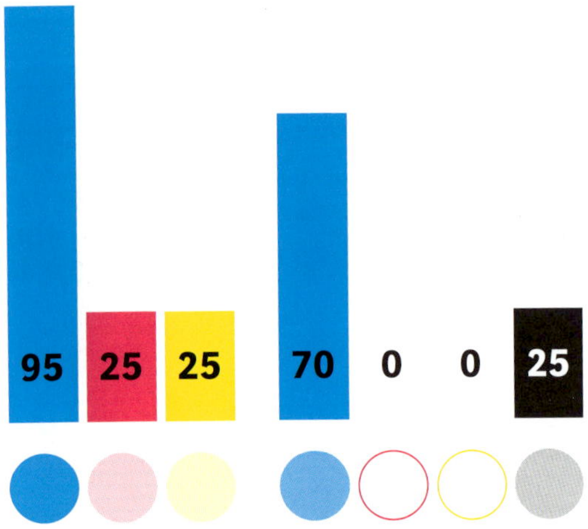

Bild 9/62. Bunt aufgebaute Tertiärfarbe (links), dieselbe Farbe im Unbuntaufbau (rechts)

Achtung: Alle CMYK-Farbwerte in diesem und in den folgenden Bildern beziehen sich auf theoretische Optimalfarben. Bei realen, unvollkommenen Druckfarben ergeben sich andere Farbwerte!

Druckfarbe benutzt werden. Die Mischfarbe ergibt sich dann aus dem Buntanteil der Tertiärfarbe und dem jetzt mit schwarzer Farbe gedruckten Unbuntanteil:

Unbuntaufbau C 70 % M 0 % Y 0 % K 25 %

Sicherheitshalber noch ein Beispiel, diesmal ein verschwärzlichtes Rot-Orange.

Buntaufbau	C 40 %	M 70 %	Y 95 %	
Unbuntanteil	C 40 %	M 40 %	Y 40 %	
Buntanteil	C 0 %	M 30 %	Y 55 %	
Unbuntaufbau	C 0 %	M 30 %	Y 55 %	K 40 %

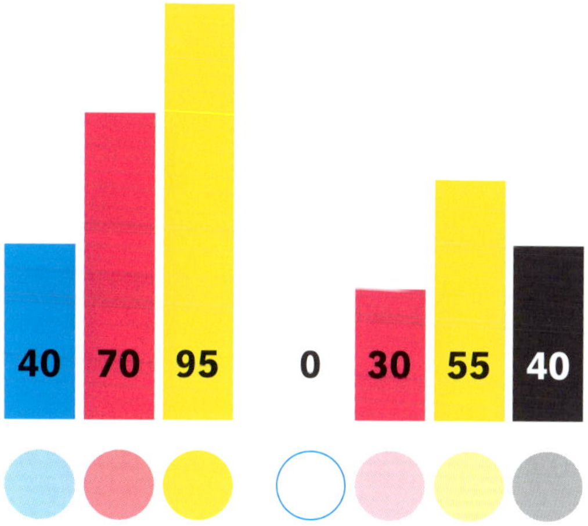

Bild 9/63. Bunt aufgebaute Tertiärfarbe (links), dieselbe Farbe im Unbuntaufbau (rechts)

9/25 Errechnen Sie bitte jeweils den Unbuntanteil, den Buntanteil und die Flächendeckungsgrade für den Unbuntaufbau. Gehen Sie bitte wie in den oben durchgerechneten Beispielen vor.

Buntaufbau C 95 % M 35 % Y 85 %

Unbuntanteil ______________________

Buntanteil ______________________

Unbuntaufbau ______________________

Buntaufbau C 75 % M 70 % Y 15 %

Unbuntanteil ______________________

Buntanteil ______________________

Unbuntaufbau ______________________

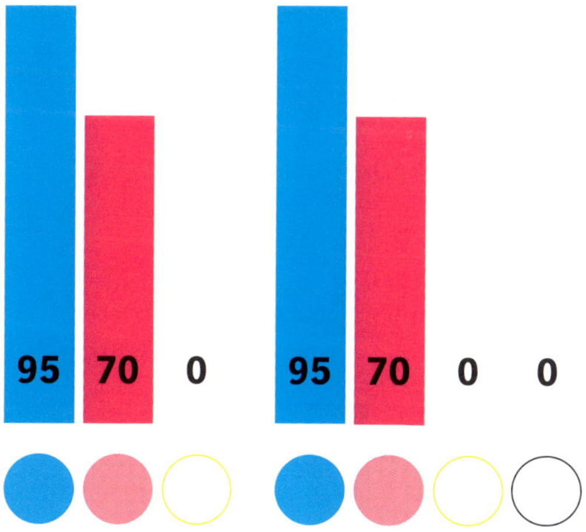

Bild 9/64. Sekundärfarbe im Buntaufbau (links), unverändert im Unbuntaufbau (rechts)

Beim Unbuntaufbau wird also der dreifarbig aufgebaute Unbuntanteil (Grauanteil) jeder Tertiärfarbe durch einen entsprechenden Anteil Schwarz ersetzt. Das Verfahren wird deshalb auch Gray Component Replacement (Grauanteils-Ersetzung) genannt, abgekürzt GCR.

Der Unbuntaufbau wirkt sich auf alle Tertiärfarben aus, denn jede Tertiärfarbe hat einen Unbuntanteil. Nur Primär- und Sekundärfarben sind im Unbuntaufbau genau so zusammengesetzt wie beim Buntaufbau, weil sie keinen Unbuntanteil haben.

Unbunte Farben haben keinen Buntanteil; bei einem neutralen Grau werden also Cyan, Magenta und Yellow vollständig durch Schwarz ersetzt.

Hauptvorteil des Unbuntaufbaus ist die bessere Graustabilität im Fortdruck. Wenn unbunte oder fast unbunte Farben aus Cyan, Magenta und Yellow aufgebaut sind, reagieren sie sehr empfindlich auf Färbungsschwankungen. Es ist kaum zu vermeiden, dass sie leichte Buntstiche bekommen, die leider recht deutlich wahrnehmbar sind. Beim Unbuntaufbau ist das unmöglich: Schwarze Druckfarbe wird durch Färbungsschwankungen nicht buntstichig. Ein willkommener Nebeneffekt ist die kräftige Reduzierung der Flächendeckungssumme in dunklen Bildstellen.

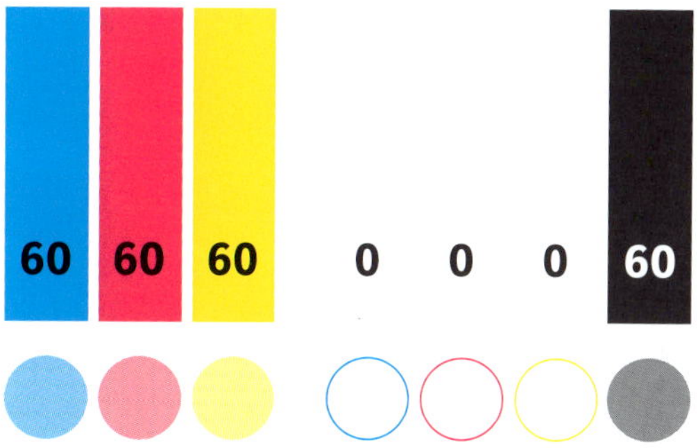

Bild 9/65. Bunt aufgebautes Grau (links), dieselbe Farbe im Unbuntaufbau (rechts)

Merke: Beim Unbuntaufbau werden die unbunten Anteile der Tertiärfarben durch schwarze Druckfarbe ersetzt. Hauptvorteil gegenüber dem Buntaufbau ist die höhere Graustabilität im Fortdruck.

Achtung: Die CMYK-Farbwerte in den Bildern beziehen sich auf theoretische Optimalfarben. Bei realen Druckfarben ergeben sich andere Farbwerte!

9/26 Beim Buntaufbau mit Skelettschwarz ergaben sich die folgenden Farbwerte. Bei welchen Farben hätte der Unbuntaufbau andere Farbwerte ergeben? Bitte ankreuzen.

- C 96 % M 84 % Y 0 % K 0 %
- C 86 % M 95 % Y 91 % K 60 %
- C 50 % M 39 % Y 38 % K 0 %
- C 20 % M 78 % Y 98 % K 0 %

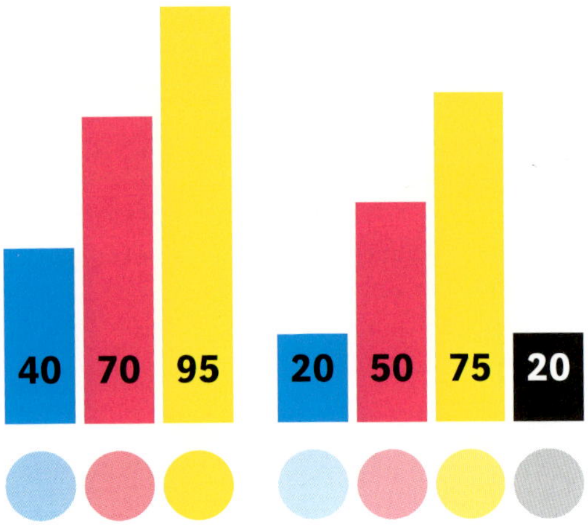

Bild 9/66. Anteiliger Unbuntaufbau (50 %)

Der Unbuntaufbau hat allerdings einen praktischen Schwachpunkt: Schwarze Druckfarbe ist nicht tiefschwarz, sondern eher dunkelgrau. Mit der Folge, dass dunkle und wenig bunte Farben in unbunt aufgebauten Bildern zu hell aussehen. Deshalb werden die Unbuntanteile der Tertiärfarben normalerweise nicht vollständig, sondern nur zum Teil durch Schwarz ersetzt – zu etwa 25 % bei einem „leichten" bis zu etwa 75 % bei einem „starken" Unbuntaufbau. Das folgende Beispiel zeigt einen 50-prozentigen Unbuntaufbau; der Unbuntanteil wird also zur Hälfte ersetzt.

Buntaufbau	C 40 % M 70 % Y 95 %
Unbuntanteil	C 40 % M 40 % Y 40 %
davon 50 %	C 20 % M 20 % Y 20 %
Unbuntaufbau (50 %)	C 20 % M 50 % Y 75 % K 20 %

Bei einem relativ starken anteiligen Unbuntaufbau (mehr als etwa 50 %) werden aber die Bildtiefen immer noch zu hell und arm an Zeichnung. Das lässt sich durch eine Buntfarbenzugabe (Unterfarbenergänzung, Under Color Addition, abgekürzt UCA) ausgleichen. In dunklen Bildstellen mit geringer Buntheit werden die Flächendeckungsgrade für Cyan, Magenta und Yellow erhöht, um tiefschwarze und gut durchgezeichnete Bildtiefen zu erreichen. Dabei ist natürlich zu beachten, dass die Flächendeckungssumme nicht zu hoch werden darf, weil es sonst Probleme beim Nass-in-Nass-Offsetdruck gibt.

Beispiel: Beim anteiligen Unbuntaufbau ergeben sich die Werte
C 50 % M 40 % Y 40 % K 97 %
Durch eine Buntfarbenzugabe wird daraus
C 75 % M 65 % Y 65 % K 97 %
Flächendeckungssumme 75 % + 65 % + 65 % + 97 % = 302 %

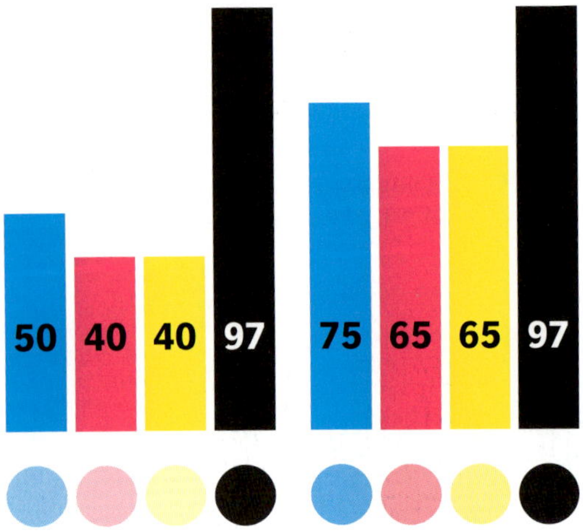

Bild 9/67. Unbuntaufbau, links ohne Buntfarbenzugabe, rechts mit Buntfarbenzugabe

Merke: Beim Unbuntaufbau werden die Unbuntanteile der Tertiärfarben meist nur anteilig (zu 25 % bis 75 %) durch schwarze Druckfarbe ersetzt. Ab einem Unbuntaufbau-Anteil von etwa 50 % ist eine Buntfarbenzugabe erforderlich. Sie erhöht die Flächendeckungsgrade Cyan, Magenta, Yellow in dunklen, wenig bunten Bildstellen.

9/27 Beim anteiligen Unbuntaufbau ergaben sich folgende Farbwerte. Welche würden sich durch eine Buntfarbenzugabe noch verändern? Bitte ankreuzen.

- C 0 % M 90 % Y 96 % K 0 %
- C 40 % M 45 % Y 48 % K 96 %
- C 78 % M 4 % Y 94 % K 8 %
- C 38 % M 30 % Y 32 % K 89 %

Achtung: Die CMYK-Farbwerte in den Bildern beziehen sich auf theoretische Optimalfarben. Bei realen Druckfarben ergeben sich andere Farbwerte!

5.2.8 Erzeugung von CMYK-Daten

Die Umwandlung von RGB- in CMYK-Daten wird heute von Scanning- oder Bildbearbeitungsprogrammen übernommen. Aus der Sicht der Anwender(innen) sind dazu nur einige Mausklicks erforderlich. Dabei wird aber allzu leicht übersehen, dass es ja nicht nur darum geht, die RGB-Daten „irgendwie" in CMYK umzuwandeln. Es ist vielmehr erforderlich, die einzelnen Parameter richtig einzustellen, um die für den jeweiligen Druckprozess richtig korrigierten CMYK-Daten zu erhalten. Die genaue Vorgehensweise und das Design der jeweiligen Dialogfenster ist von Programm zu Programm etwas unterschiedlich. Es geht aber im Wesentlichen immer um diese Punkte:
- Basis- und Graubalancekorrektur
- Tonwertzunahme im Druck
- Beim Buntaufbau mit UCR: maximale Flächendeckungssumme
- Beim anteiligen Unbuntaufbau (GCR): Höhe des Unbuntaufbau-Anteils und Stärke der Buntfarbenzugabe (UCA)

5.3 Monitor

5.3.1 Unvollkommenheit der Leuchtstoffe

Auch die von Monitoren emittierten Lichtfarben Rot, Grün und Blau sind nicht theoretisch optimal, sondern unvollkommen (Bild 9/68). Das hat bei den Primärfarben selbst allerdings noch keine besonders auffälligen Konsequenzen. Rote, grüne und blaue Farben können mit Buntheiten erzeugt werden, die den vierfarbigen Druck erheblich übertreffen. Recht deutlich werden die Unvollkommenheiten der Monitor-Leuchtstoffe aber bei einigen Sekundärfarben sichtbar. Die vollflächig auf weiße Bilderdruckpapier gedruckten Skalenfarben Cyan und Yellow sind bunter als die Sekundärfarben mit gleichen Bunttönen auf dem Monitor.

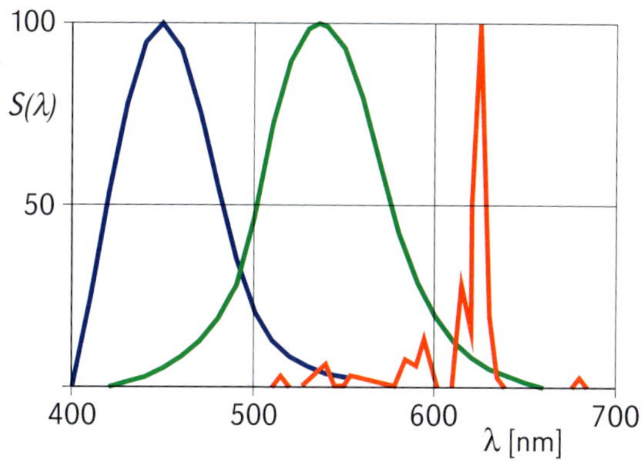

Bild 9/68. Emissionskurven von Monitor-Leuchtstoffen

Merke: Monitore haben unvollkommene Primärfarben Rot, Grün und Blau. Das wirkt sich besonders deutlich auf die Buntheiten der Sekundärfarben Cyan und Yellow aus.

9/28 Versuchen Sie bitte, mit dem RGB-Farbwähler eines beliebigen Programms ein Cyan und ein Yellow einzustellen, deren Bunttöne den nebenstehenden Mustern soweit wie möglich gleichen. Vergleichen Sie bitte die Buntheiten dieser Monitor-Farben mit den nebenstehend gedruckten Mustern.

Bild 9/69. Farbmuster Cyan und Yellow

Da die Primärfarben des Monitors unvollkommen sind, müssen die von einem Scanner oder einer Digitalkamera erfassten „rohen" RGB-Daten noch aufbereitet werden, bevor sie in einer Multimedia-Präsentation oder auf einer Internet-Seite verwendet werden können. Das ist allerdings nicht so kompliziert wie bei gedruckten Bildern, weil ja keine vierte Farbe berechnet werden muss und das Bild immer vollständig bunt aufgebaut ist.
Ein Problem bei RGB-Daten für den Monitor ist aber die fehlende Eindeutigkeit. Die Primärfarben von Monitoren weichen je nach

Bauart, Fabrikat und Alter etwas voneinander ab. Hinzu kommen die oft nur „nach Auge und Gefühl" vorgenommenen Einstellungen an Hard- und Software. Es hat also überhaupt keinen Sinn, RGB-Daten für die Bildanzeige an einem ganz bestimmten Monitor optimieren zu wollen.

Die farbliche Aufbereitung der Bilddaten sollte vielmehr an den Farbdefinitionen eines „normal" eingestellten Monitors mit üblichen Leuchtstoffen orientiert sein. Für Web und Multimedia eignen sich sRGB (standardRGB) und Apple-RGB als Farbdefinition, weil sie die Primärfarben „durchschnittlicher" Monitore einigermaßen realistisch definieren und von vielen Anwendungen unterstützt werden.

Zusätzliche Informationen: Für eine spätere Umrechnung in CMYK-Daten sind sRGB und Apple-RGB allerdings schlecht geeignet. Bestimmte Farben des vierfarbigen Drucks (z. B. C 100 % M 0 % Y 0 %) haben in sRGB und Apple-RGB keine Entsprechung; sie werden dort nicht gebraucht, weil kein Monitor sie anzeigen kann. Wenn die RGB-Daten nur ein Zwischenstadium zur späteren Erzeugung von CMYK-Daten sein sollen, muss die RGB-Definition alle Farben abdecken, die auch im vierfarbigen Druck möglich sind. Das ist, mit allenfalls geringen Einschränkungen, u. a. bei Adobe-RGB und ECI-RGB der Fall.

5.3.2 Gammafehler

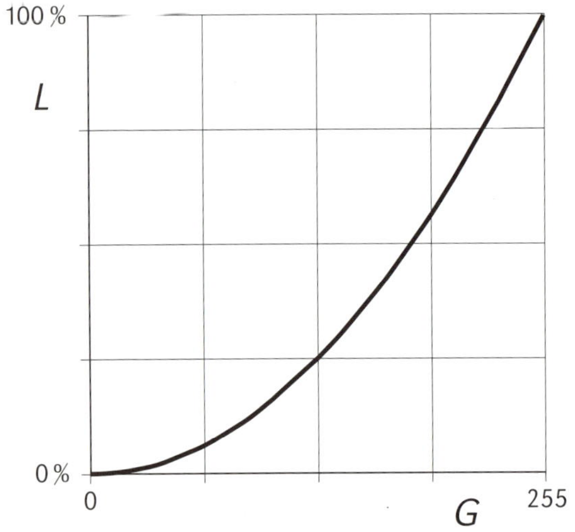

Bild 9/70. Monitor-Kennlinie

Alle Monitore zeigen die Mitteltöne konstruktionsbedingt zu dunkel an. Auf einer Pixelwert-Skala von 0 bis 255 steht der Wert 127 für eine mittlere Helligkeit. Wird ein Monitor-Pixel über die Bildschirmkarte mit diesem Wert angesteuert, leuchtet es aber nicht mit 50 % seiner maximalen Leuchtdichte, sondern nur mit etwa 20 % bis 30 %.

Das gilt entsprechend für alle anderen Eingangssignale und Leuchtdichten mit Ausnahme des niedrigsten (0 = Schwarz) und des höchsten (255 = maximale Helligkeit). Die Übertragungskennlinie, die den Zusammenhang zwischen Eingangssignal G und Leuchtdichte L beschreibt, ist nicht linear, sondern hängt kräftig durch.

Die Stärke dieses Fehlers, also die Krümmung der Kennlinie, wird durch das Gamma beschrieben. Bild 9/70 zeigt eine Kennlinie, die dem Gamma 2,0 entspricht. Bei einem höheren Gamma (z. B. 2,2) würde die Kurve noch etwas stärker durchhängen, bei einem geringeren (z. B. 1,8) etwas weniger.

Merke: Monitore zeigen die Mitteltöne relativ zu dunkel an. Das Gamma gibt an, wie stark dieser Fehler ist. Je höher das Gamma, desto dunkler werden die Mitteltöne angezeigt.

Damit Bilder helligkeitsrichtig auf dem Monitor angezeigt werden, ist eine Gamma-Korrektur nötig. Dabei werden die einzelnen Pixelwerte so erhöht, dass die zu dunkle Anzeige des Monitors ausgeglichen wird. Die richtigen Korrekturstärken ergeben sich rechnerisch aus dem Gamma. Je höher das Gamma ist, desto stärker ist die erforderliche Gamma-Korrektur. Auch hier ist es aber nicht sinnvoll, RGB-Daten für die Anzeige auf einem ganz bestimmten, individuell eingestellten Monitor korrigieren zu wollen. Es werden vielmehr Standard-Gammawerte angenommen: 2,2 bei sRGB und 1,8 bei Apple-RGB.

Merke: Bei der Gamma-Korrektur werden die Pixelwerte so erhöht, dass die Wiedergabe am Monitor helligkeitsrichtig ist.

9/29 An zwei gleiche Computer sind unterschiedliche Monitore mit dem Gamma 1,6 bzw. 2,0 angeschlossen. Wie unterscheiden sich die Darstellungen desselben RGB-Bildes auf den beiden Monitoren, wenn alle für die Monitordarstellung wichtigen Einstellungen an Hardware, Betriebssystem, Treiber und Anwendungssoftware völlig gleich sind?

Zusätzliche Informationen: Den mathematischen Hintergrund des Gammawerts zeigt diese Formel:

$$L = \left(\frac{G}{G_{max}}\right)^{\gamma} \cdot L_{max}$$

L: Leuchtdichte des angesteuerten Monitor-Pixels, L_{max}: maximale Leuchtdichte; G: Monitor-Eingangssignal oder Pixelwert in der Bilddatei, G_{max}: maximales Monitor-Eingangssignal, maximaler Pixelwert; γ: Gamma.
Wird $G_{max} = 255$ und $L_{max} = 100\,\%$ gesetzt, so ergibt sich:

$$L = \left(\frac{G}{255}\right)^{\gamma} \cdot 100\,\%$$

Beispiel: $G = 127$, $\gamma = 1{,}8$

$$L = \left(\frac{127}{255}\right)^{1{,}8} \cdot 100\,\% \approx 28{,}5\,\%$$

Bei der Gamma-Korrektur wird mit dem Kehrwert des Gammawerts gerechnet:

$$G_k = \left(\frac{G}{G_{max}}\right)^{1/\gamma} \cdot G_{max}$$

G: unkorrigierter Pixelwert, G_k: korrigierter Pixelwert.
Beispiel: $G = 127$, $\gamma = 1{,}8$

$$G_k = \left(\frac{127}{255}\right)^{1/1{,}8} \cdot 255 \approx 173$$

5.4 Wiederholung, Lernerfolgskontrolle

1. Welche Farben haben die drei Farbfilter, die in Scannern zur Farbzerlegung benutzt werden?

2. Zeigen Sie bitte anhand eines selbst gewählten Beispiels, wie RGB-Bilddaten in CMY-Bilddaten umgerechnet werden. Gehen Sie bitte ganz schematisch vor – Korrekturen sind nicht zu berücksichtigen.

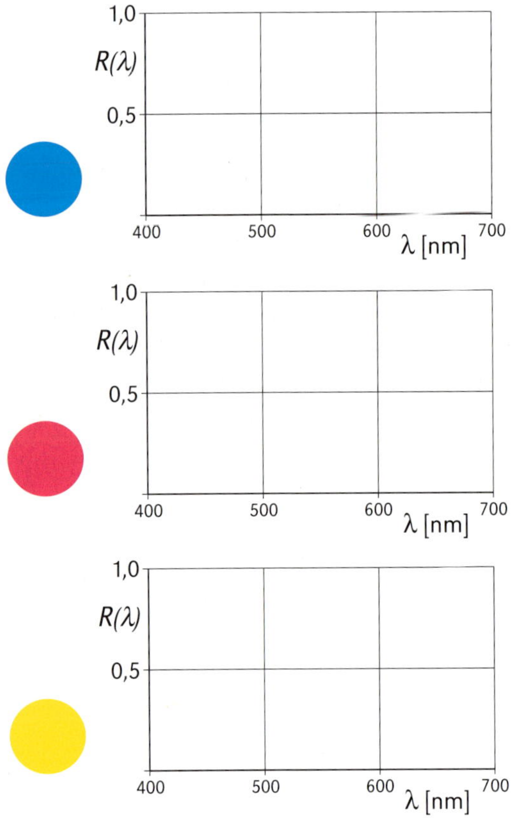

Bild 9/71. Bitte die Reflexionskurven der theoretischen Optimalfarben einzeichnen!

3. Skizzieren Sie bitte in Bild 9/71 die Reflexionskurven der theoretischen Optimalfarben Cyan, Magenta und Yellow.

4. a) Welche der drei realen Skalendruckfarben ist am stärksten verschwärzlicht? __________
b) Welche hat den größten Bunttonfehler? __________
c) Welche unterscheidet sich am wenigsten von der theoretischen Optimalfarbe? __________

5. Kennzeichnen Sie bitte in Bild 9/72 (gegenüberliegende Seite), zu welcher realen Skalendruckfarbe bzw. zu welcher Sekundärfarbe (Rot, Grün, Blau) jede einzelne Kurve gehört.

6. In einem vierfarbig gedruckten Faltblatt soll nach Vorgabe des Auftraggebers ein Logo die Farbe „Orange wie HKS 7 K“ und eine Headline die Farbe „Blau wie HKS 43 K“ haben. Mit welchem Problem ist zu rechnen? Bitte kurz begründen.

7. Bei der Gestaltung einer Homepage wurde ein sehr buntes Grün, R 0 G 255 B 0, verwendet. Dasselbe Grün soll auch in einer vierfarbig gedruckten Anzeige verwendet werden. Ist das möglich? Bitte kurz erläutern.

8. Warum ist bei der Erzeugung von CMYK-Daten eine Basiskorrektur (Grundkorrektur) nötig? Welche Fehler hätte ein gedrucktes Bild, wenn keine Basiskorrektur vorgenommen würde?

9. Warum ist bei der Erzeugung von CMYK-Daten eine Graubalancekorrektur nötig? Welche Fehler hätte ein gedrucktes Bild, wenn keine Graubalancekorrektur vorgenommen würde?

10. Warum wird beim Druck von Bildern außer den Primärfarben Cyan, Magenta und Yellow zusätzlich die Druckfarbe Schwarz gebraucht?

11. Erläutern Sie bitte kurz den grundsätzlichen Unterschied zwischen dem Buntaufbau und dem Unbuntaufbau (Schwarzaufbau, GCR) im vierfarbigen Druck.

12. Warum ist bei bunt aufgebauten Bildern eine Unterfarbenentfernung (UCR) erforderlich?

13. Welchen Hauptvorteil hat der Unbuntaufbau im Vergleich zum Buntaufbau?

14. Warum wird beim Unbuntaufbau oft eine Buntfarbenzugabe (UCA) vorgenommen?

15. Welche Information liefert eine Druckkennlinie?

16. Welcher Sachverhalt wird durch das Monitor-Gamma beschrieben? Wie unterscheidet sich ein Monitor mit einem höheren von einem Monitor mit einem niedrigeren Gamma?

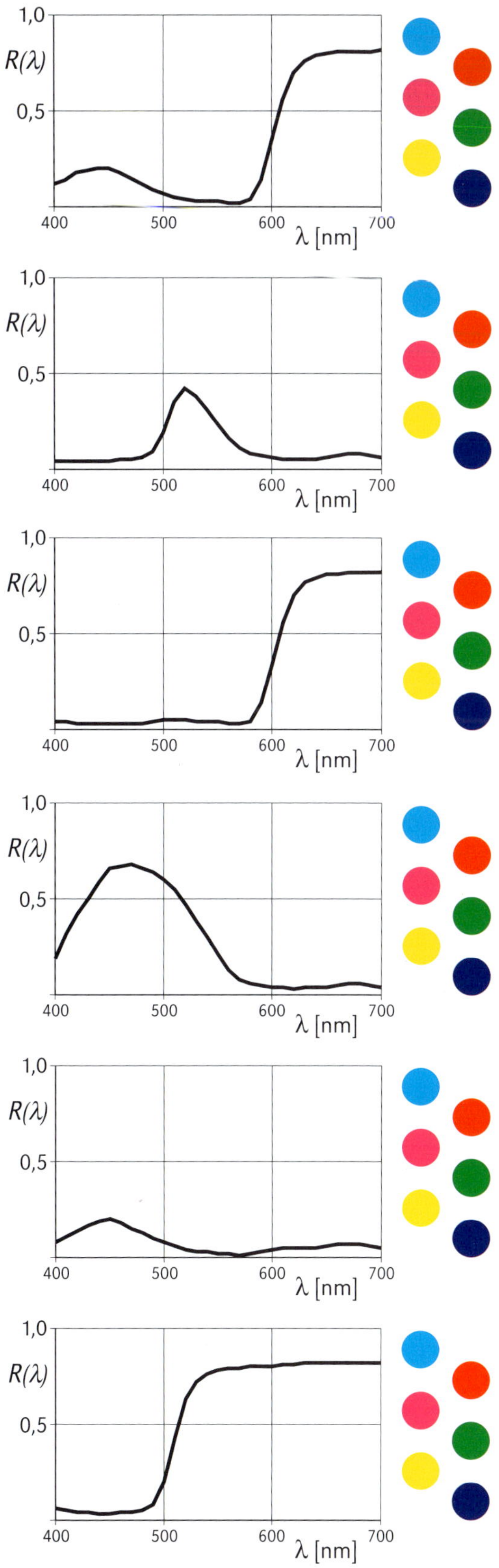

Bild 9/72. Reflexionskurven der Skalendruckfarben und ihrer Sekundärfarben

6 Farbkennzeichnungssysteme

Farbkennzeichnungssysteme dienen zur Systematisierung der unüberschaubaren Anzahl existierender Farben und zur Identifikation jeder einzelnen Farbe. Dazu werden Zahlen benutzt; denn eine auch nur halbwegs eindeutige Farbkennzeichnung mit Wörtern scheitert bereits daran, dass es nicht genug Farbwörter für etwa zwei Millionen Körperfarben gibt.

6.1 Wie viele Farben gibt es?

Genauer gefragt: Wie viele Farben können Menschen unterscheiden? Zwei Körper- oder Lichtfarben sind verschieden, wenn sie bei konzentrierter Betrachtung gerade noch voneinander unterschieden werden können. Wenn das nicht möglich ist, sind sie gleich, auch wenn sich ihre Reflexionskurven bzw. spektralen Strahlungsverteilungen voneinander unterscheiden. Wichtig ist allein der sichtbare Unterschied.

Unter dieser Voraussetzung lautet die Antwort: schätzungsweise vier Millionen Farben, wobei es auf eine halbe Million mehr oder weniger nicht ankommt.

Etwa die Hälfte davon bleibt weitgehend theoretisch, weil es keine entsprechenden Körperfarben gibt. Die Anzahl der natürlichen und künstlichen Körperfarben liegt in der Größenordnung von etwa zwei Millionen.

Im vierfarbigen Druck ist die Farbenzahl noch weiter eingeschränkt. Auf die Gründe wurde bereits eingegangen (Abschnitt 5.2.1, 5.2.2). Hier genügt die Feststellung, dass unter günstigen Bedingungen, also beim Bogenoffsetdruck auf glänzend gestrichenem, weißem Bilderdruckpapier, knapp eine Million Farben möglich sind. Beim Druck auf weißem Naturpapier sind es etwa eine halbe, beim Zeitungsdruck etwa eine viertel Million Farben.

9/30 Obwohl es etwa zwei Millionen Körperfarben gibt, sind im vierfarbigen Druck weniger als eine Million Farben möglich. Woran liegt das?

Ähnlich sieht es beim Computer-Monitor aus. Die häufig genannten rund 16,8 Millionen Farben sind ein rein rechnerischer Wert. Er ergibt sich daraus, dass Soft- und Hardware für jede Primärfarbe 256 Stufen vorgeben, es also $256^3 = 16\,777\,216$ Kombinationen gibt. Ob Farben auf dem Monitor verschieden oder gleich aussehen, hängt aber nicht von den im Computer gespeicherten Zahlen ab, sondern vom Farbunterscheidungsvermögen der Betrachter(innen). Hinzu kommen die Beschränkungen, die sich aus der Monitortechnik ergeben. Damit dürfte die Anzahl der auf einem Monitor darstellbaren Farben bei weniger als eineinhalb Millionen liegen.

9/31 Wählen Sie bitte mit dem RGB-Farbwähler eines beliebigen Programms zwei Farben, die sich bei jedem der drei Farbwerte um den Betrag 1 unterscheiden, z. B. R 200 G 50 B 50 und R 201 G 51 B 51. Gibt es einen sichtbaren Unterschied?

6.2 Primärfarbenanteile

Das Prinzip der Farbmischung aus drei Primärfarben kann als Basis für Kennzeichnungssysteme benutzt werden. Jede Farbe wird durch die drei Primärfarbenanteile beschrieben, aus denen sie entweder tatsächlich hergestellt wurde oder die gebraucht würden, um sie durch Mischung herzustellen. Im Offsetdruck kommt noch die (Hilfs-) Druckfarbe Schwarz hinzu. Ein bestimmtes Grün kann dementsprechend durch die Angabe „C 70 % M 10 % Y 100 % K 0 %“ charakterisiert werden.

Als Arbeitshilfe für Gestaltung und Druckvorstufe gibt es Farbtafeln, die eine Auswahl der möglichen Mischfarben zeigen. Bei einer Abstufung der drei Primärfarben in 10-Prozent-Schritten von 0 % bis 100 % ergeben sich $11^3 = 1331$ Kombinationen. Bei 5-Prozent-Abstufungen sind es $21^3 = 9261$ Mischfarben. Umfangreichere Farbtafeln enthalten zusätzlich Kombinationen aus den Primärfarben (C, M, Y) und Schwarz (K).

Die Kennzeichnung einer Farbe durch ihre Primärfarbenanteile ist nur dann eindeutig und zuverlässig, wenn immer von denselben Primärfarben ausgegangen wird. Veränderungen der Primärfarben verändern natürlich auch alle Mischfarben. Hinzu kommt, dass auch der Bedruckstoff an der autotypischen Farbmischung beteiligt ist – als reflektierendes Medium unter den Farbschichten bzw. im unbedruckten Zustand als Weißanteil. Je nach Papiersorte ergeben sich unterschiedliche Primär- und Mischfarben. Wenn z. B. auf Naturpapier gedruckt werden soll, ist eine auf glänzend gestrichenem Papier gedruckte Farbtafel nicht zu gebrauchen. Es ist natürlich praktisch und wirtschaftlich unmöglich, Farbtafeln für alle existierenden Papiersorten zu drucken. Eine recht gute Annäherung an die Ergebnisse im Auflagendruck kann aber erreicht werden, wenn Farbtafeln für fünf Papiersorten zur Verfügung stehen.

Die internationale Norm ISO 12647-2 enthält Vorgaben, wie die Primärfarben auf fünf unterschiedlichen Papiertypen aussehen sollen. Wenn diese Norm sowohl bei der Herstellung der Farbtafeln als auch im Auflagendruck eingehalten wird, ergibt sich für die fünf Papiertypen eine sehr gute Übereinstimmung. Auch bei anderen Papiersorten ist sie noch recht gut, wenn jeweils die Farbtafel benutzt wird, deren Papiertyp dem Auflagenpapier am ähnlichsten ist.

Auch die durch additive Farbmischung erzeugten Farben des Monitors können durch Primärfarbenanteile gekennzeichnet werden. Viele Programme (Bildbearbeitung, Layout, Grafik usw.) benutzen Skalen von 0 bis 255 je Primärfarbe. Ein hoch gesättigtes, rötliches Magenta kann also durch die Angabe „R 255 G 0 B 120“ beschrieben werden, ein ungesättigtes (blasses), gelbliches Orange durch die Angabe „R 255 G 200 B 100“ usw. Auch diese Farbkennzeichnungen sind aber nicht eindeutig. Bereits die Primärfarben weichen je

Bild 9/73. CMY-Farbtafel

Papiertypen nach ISO 12647-2

1 glänzend gestrichen, holzfrei
2 matt gestrichen, holzfrei
3 glänzend gestrichen, Rolle
4 ungestrichen Offset, weiß
5 ungestrichen Offset, gelblich

nach Bauart, Fabrikat und Alter des Monitors etwas voneinander ab. Hinzu kommt die Möglichkeit, die Farbwiedergabe individuell durch Einstellungen am Monitor oder der Treibersoftware zu verändern. Da diese Einstellungen oft nur „nach Auge und Gefühl" vorgenommen werden, sind RGB-Farbangaben nicht eindeutig.

Merke: Farbkennzeichnungen durch Primärfarbenanteile (CMYK oder RGB) sind nicht eindeutig. Je nach Bedruckstoff bzw. Monitor-Leuchtstoffen und -Einstellungen ergeben sich trotz gleicher Farbwerte unterschiedliche Farben.

Zum Schluss darf nicht vergessen werden, dass Verfahren, die mit drei Primärfarben arbeiten, wegen deren Unvollkommenheiten gar nicht in der Lage sind, alle existierenden Farben zu erzeugen. Deshalb sind solche Farbkennzeichnungssysteme immer unvollständig. Farben, die nicht aus den unvollkommenen Primärfarben erzeugt werden können, lassen sich nicht beschreiben.

Merke: Weil die Primärfarben unvollkommen sind, können nicht alle existierenden Farben durch Primärfarbenanteile gekennzeichnet werden.

Zusätzliche Informationen: Die ersten Versuche, Farben nach ihren Primärfarbenanteilen zu systematisieren, liegen mehr als zwei Jahrhunderte zurück. Tobias Mayer ging 1758 von den „Grundfarben" Bergblau, Zinnober und Königsgelb aus. James Sowerby verwendete 1809 die Farbmittel Gummigutt (Gelb), Karmin und Preußischblau. Ein moderneres Kennzeichnungssystem ist die 1952 vorgestellte Farbordnung von Alfred Hickethier (FOH 52). Die heute benutzten CMYK-Farbtafeln sind aktualisierte und an praktische Bedürfnisse angepasste Varianten der FOH 52. Zur Normung der Skalendruckfarben (Prozessdruckfarben) vgl. die zusätzlichen Informationen nach Abschnitt 5.2.1. Eine ausführlichere Darstellung folgt in Abschnitt 8.1.1.

6.3 Farbmustersysteme

Hier geht es um Farbkennzeichnungen, die im Offsetdruck üblicherweise für Sonderfarben (Volltonfarben, Schmuckfarben, Hausfarben) benutzt werden. Aus der Sicht der Verwender(innen) sind die Farben durch nummerierte Muster in einem Farbfächer oder Farbmusterbuch definiert. Aus der Sicht der Druckfarbenhersteller stehen die Farbnummern für Rezepturen, also für Arten und Mengen der in den Druckfarben enthaltenen Pigmente. Die Farbnummern selbst sind meist bloße „Hausnummern" und haben keinen beschreibenden Charakter.
In Deutschland dürfte das HKS-System am weitesten verbreitet sein. Es wurde von den Druckfarbenherstellern Hostmann-Steinberg und K + E sowie dem Künstlerfarbenhersteller Schmincke entwickelt (deshalb die Abkürzung HKS). Das System basiert auf 9 Grundfarben, die jeweils nur ein Pigment enthalten (Übersicht auf der nächsten Seite). Weitere 77 Druckfarben werden durch Mischung aus den Grundfarben erzeugt, teilweise unter Hinzunahme von Mischweiß bzw. -schwarz. Diese Farben können fertig gekauft, aber auch selbst nach den im Farbfächer angegebenen Rezepten ermischt werden. Achtung: Der Begriff Grundfarben bedeutet, dass sie als Basis für

die Herstellung der gemischten Druckfarben benutzt werden. Mit den Primärfarben (Grundfarben) der additiven oder subtraktiven Farbmischung hat das aber nichts zu tun.
Die Anzahl der Farben lässt sich natürlich noch über die 86 HKS-Farben hinaus erhöhen. Erstens durch Aufhellen, indem die Farbe nicht als Vollton, sondern als Rasterfläche gedruckt wird. Zweitens durch selbst entwickelte Mischungen aus den HKS-Grundfarben. Im ersten Fall wird die Farbe durch die HKS-Nummer und den Flächendeckungsgrad, im zweiten durch das Mischungsrezept gekennzeichnet.
Es gibt vier HKS-Reihen: K für gestrichene Papiere („Kunstdruck"), N für Naturpapiere, E für Endlosdruck und Z für Zeitungsdruck. Die Rezepturen der N-, E- und Z-Farben sind so abgewandelt, dass sie den K-Farben so ähnlich wie möglich sind. Darüber hinaus gibt es HKS-Farben als Siebdruckfarben, Gouachefarben, Autolacke, Folien für Beschriftung, Textildruckfarben, Bautenfarben sowie Granulate für die Kunststoff-Herstellung.
Das Farbsystem des US-amerikanischen Unternehmens Pantone ist erheblich umfangreicher als das HKS-System. Es enthält heute mehr als 1000 Farben, die auf 14 Grundfarben basieren. Das Pantone-System ist international weit verbreitet und hat auch in Deutschland in den letzten Jahren stark an Bedeutung gewonnen.

Merke: HKS und Pantone verwenden 9 bzw. 14 Grundfarben, aus denen weitere Druckfarben nach festgelegten Rezepten, teilweise unter Hinzunahme von Mischweiß und -schwarz, gemischt werden.

Die Farbsammlung des Deutschen Instituts für Gütesicherung e.V. (RAL) wurde 1927 mit 40 Farben begonnen und seitdem auf über 200 Farben erweitert. Die heute RAL classic genannte Mustersammlung gibt es in halbmatter und in hochglänzender Ausführung (RAL 840-HR bzw. RAL 841-GL) Die Farben haben vierstellige Nummern und zusätzlich Namen, z. B. RAL 1028 Melonengelb, RAL 3018 Erdbeerrot. Diese Namen dienen nur zur Veranschaulichung oder als Merkhilfe – die Farbnummern kennzeichnen die Farben eindeutig und brauchen keine weitere Ergänzung.
Während HKS und Pantone ihren Ursprung bei den Druckfarben hatten, ging es bei den RAL-Farben ursprünglich um Anstrichfarben. Die heutige Sammlung enthält u. a. staatlich vorgeschriebene Farben (z. B. für Verkehrszeichen) und Hausfarben großer Unternehmen (z. B. RAL 4010 Telemagenta). In der Druckindustrie sind RAL-Farben vor allem im Siebdruck anzutreffen.
Farbmustersysteme wie HKS, Pantone oder RAL sind zwar auf eine vergleichsweise geringe Zahl von Farben beschränkt, also sehr unvollständig. Die Kennzeichnungen durch Farbnummern (und ggf. Zusätze wie K, N usw.) sind weitgehend eindeutig, wobei allerdings Abweichungen von den Farbmustern nicht auszuschließen sind, wenn andere Bedruckstoffe verwendet werden oder mit abweichenden Farbschichtdicken gedruckt wird.
Die Kennzeichnung von Farben mit HKS-, Pantone- oder RAL-Farbnummern ist nur sinnvoll, wenn mit genau diesen Farben gedruckt werden soll. Die Systeme sind untereinander nicht kompatibel – einer HKS-Farbnummer ist nicht anzusehen, welche Pantone- oder RAL-Farbe bzw. welche CMYK-Farbwerte ihr (ungefähr) entspre-

HKS-Grundfarben

- HKS 3 K
- HKS 7 K
- HKS 13 K
- HKS 25 K
- HKS 27 K
- HKS 33 K
- HKS 43 K
- HKS 47 K
- HKS 53 K

Die gedruckten Farben dienen nur zur Orientierung; sie sind nicht identisch mit den HKS-Farben.

chen. Die „Übersetzung" von einem System in ein anderes ist nur durch visuellen Vergleich von Farbmustern oder mit Hilfe von Tabellen möglich - das Ergebnis ist bestenfalls eine ähnliche, aber niemals genau dieselbe Farbe. Die „Übersetzung" sehr bunter HKS-, Pantone- oder RAL-Farben in CMYK-Farbwerte ist von vornherein zum Scheitern verurteilt, da wegen der Unvollkommenheiten der Skalenfarben keine gleich bunten Farben möglich sind.

6.4 Buntton, Buntheit und Helligkeit

6.4.1 Grundlagen

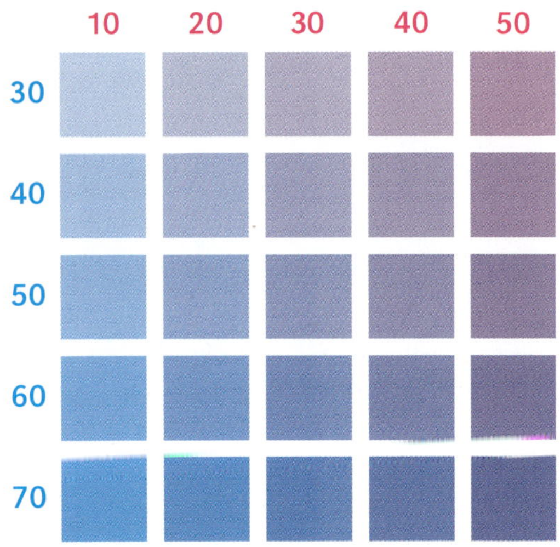

Bild 9/74. Empfindungsmäßige Ungleichabständigkeit benachbarter Farben - Ausschnitt einer CMY-Farbtafel mit 10-prozentigen Abstufungen

Die bisher erläuterten Systeme zur Farbkennzeichnung basieren auf den technischen Verfahren, mit denen Licht- oder Körperfarben erzeugt werden. Für die technische Umsetzung ist das ein Vorteil: Jede Farbkennzeichnung ist zugleich die „technische Anleitung" zur Erzeugung dieser Licht- oder Körperfarbe, indem sie die RGB- bzw. CMYK-Werte oder eine Farbnummer angibt.

Solche Systeme sind aber zwangsläufig unvollständig. Sie erlauben ja nur die Kennzeichnung von Farben, die mit der jeweiligen Technik hergestellt werden können. Und sie sind niemals ganz eindeutig: Bei Druckfarben hängt die Farbempfindung nicht nur von der Druckfarbe selbst, sondern auch vom Bedruckstoff ab; Monitorfarben werden durch individuelle Einstellungen an Hard- und Software beeinflusst.

Ein weiterer Nachteil ist die empfindungsmäßige Ungleichabständigkeit - die Unterschiede zwischen benachbarten Farben werden nicht gleich stark empfunden. Bild 9/74 zeigt das anhand eines Ausschnitts einer CMY-Farbtafel mit 10-prozentigen Abstufungen.

Farbkennzeichnungssysteme, die vollständig, eindeutig und empfindungsmäßig gleichabständig sein sollen, brauchen deshalb eine völlig andere Grundlage. Farbe ist kein technischer Prozess, sondern eine menschliche Sinnesempfindung. Ein Kennzeichnungssystem, das die Dimensionen des menschlichen Farbempfindens benutzt, kann vollständig sein, also alle Farben enthalten, die von Menschen empfunden werden können. Es ist eindeutig, weil es bei der Farbempfindung selbst ansetzt, und nicht an technisch erzeugten Körper- oder Lichtfarben. Und es kann - zumindest annähernd - gleichabständig sein.

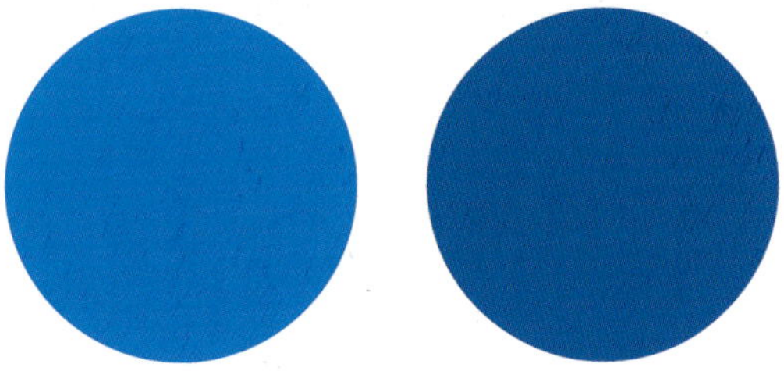

Bild 9/75. Die rechte Farbe ist bläulicher, weniger bunt und dunkler.

Zur Erinnerung: Die drei Dimensionen des menschlichen Farbempfindens sind Buntton, Buntheit und Helligkeit (Kapitel 3). Die Unterscheidung von Farben in diesen Dimensionen ist, zumindest nach einiger Übung, relativ leicht. Beim Vergleich von zwei Farben kann z. B. festgestellt werden, die eine sei bläulicher, weniger bunt und dunkler als die andere.

9/32 Sehen Sie sich noch einmal Frage 6 im Abschnitt 3.4 an!

Die Systematisierung von zwei Millionen (oder auch nur 2000 oder 200) Farben ist natürlich sehr viel schwieriger als der Vergleich von zwei Farben. Denn anders als bei der autotypischen Farbmischung oder bei Monitorfarben haben ja die empfindungsmäßigen Dimen-

sionen Buntton, Buntheit und Helligkeit keine technisch vorgegebenen numerischen Skalen. Bei der Konstruktion empfindungsmäßiger Farbkennzeichnungssysteme ging es also zunächst einmal um die Schwierigkeit, solche Skalen zu entwickeln.
Heute liefert die Farbmetrik sehr brauchbare Lösungen dieses Problems. Darauf wird weiter unten (Kapitel 7) ausführlich eingegangen. Im folgenden Abschnitt geht es dagegen um ein System, das ohne Messtechnik in reiner Kopf- und Augenarbeit entwickelt wurde, also durch logisches und empfindungsmäßiges Ordnen von Farbmustern. Systeme dieser Art mögen etwas altertümlich anmuten - in ihnen finden sich aber Ideen und Methoden, die später von der Farbmetrik übernommen und verfeinert wurden. Deshalb ist das Verständnis älterer empfindungsmäßiger Systeme auch eine gute Vorbereitung auf das Kapitel Farbmetrik.
Im übernächsten Abschnitt soll zur Ergänzung und zur Verdeutlichung der wesentlichen Unterschiede auf Systeme eingegangen werden, die nur dem äußeren Anschein nach empfindungsmäßig, tatsächlich aber technisch-rechnerisch aufgebaut sind.

6.4.2 Empfindungsmäßige Systeme

Stellvertretend für zahlreiche weitere wird hier das Munsell-System erläutert, weil es unter allen Systemen dieser Art die größte praktische Bedeutung erlangt hat. Vor allem in den USA war es jahrzehntelang das wichtigste System zur Kennzeichnung von Körperfarben. Der amerikanische Maler Albert Henry Munsell ordnete die Farben in seinem 1915 veröffentlichten Color Atlas (spätere Auflagen unter dem Titel Munsell Book of Color) nach den Dimensionen Hue (Buntton), Chroma (Buntheit) und Value (Helligkeitswert).
Bild 9/76 zeigt die Anordnung von Bunttönen und Buntheiten. Die vom Zentrum ausgehenden Strahlen stehen für 10 unterschiedliche Bunttöne: die Hauptbunttöne Red, Yellow, Green, Blue, Purple und die Zwischenbunttöne Yellow-Red, Green-Yellow, Blue-Green, Purple-Blue, Red-Purple. Es kommen noch 30 weitere Zwischenbunttöne hinzu, die in Bild 9/76 der Übersichtlichkeit halber nicht eingezeichnet sind. Die Farbnamen stimmen nicht vollständig mit den heute üblichen überein; Blue entspricht etwa dem heutigen Cyan, Red-Purple etwa dem heutigen Magenta.
Die konzentrischen Kreise kennzeichnen die Buntheitsstufen: Unbunte Farben liegen im Mittelpunkt (N, neutral), die buntesten auf dem äußeren Kreis (Chroma 16). Da nur die geraden Zahlen (2, 4, 6 ...) benutzt werden, ergeben sich 8 Buntheitsstufen. Farben mit gleichen Bunttönen und unterschiedlichen Buntheiten liegen also auf einem Strahl, der vom Kreismittelpunkt ausgeht. Farben mit gleichen Buntheiten und unterschiedlichen Bunttönen liegen auf einem Kreis.
Die Value-Achse (Helligkeitsachse) mit Werten von 0 (Schwarz) bis 10 (Weiß) steht senkrecht auf dem Zentrum des Bunttonkreises (Bild 9/77). Auf diese Weise entsteht ein zylinderförmiger Farbenraum. Je heller eine Farbe ist, desto weiter oben liegt sie im Zylinder. Alle unbunten Farben liegen auf der senkrechten Value-Achse, die Farben mit der höchsten Buntheit auf dem Zylindermantel. Die Value-Stufen 0 und 10 stehen für theoretisches, absolutes Schwarz und Weiß.

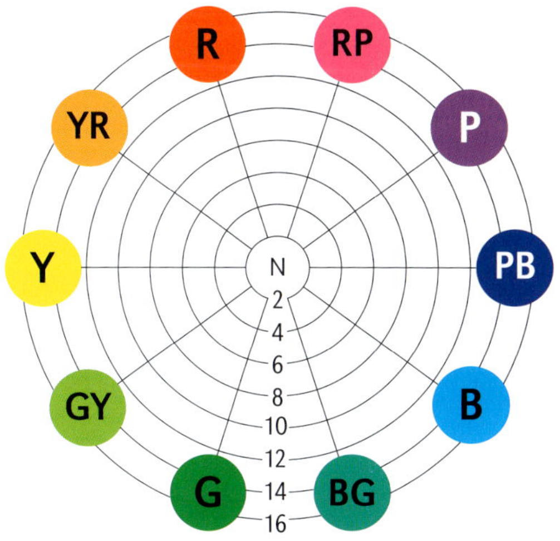

Bild 9/76. Bunttöne und Buntheiten im Munsell-System. Die gedruckten Farben dienen nur zur Orientierung; sie stimmen nicht genau mit den entsprechenden Munsell-Farben überein.

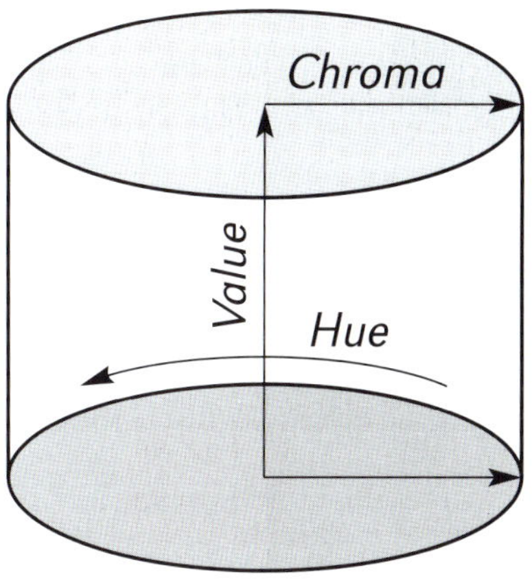

Bild 9/77. Munsell-Farbenraum

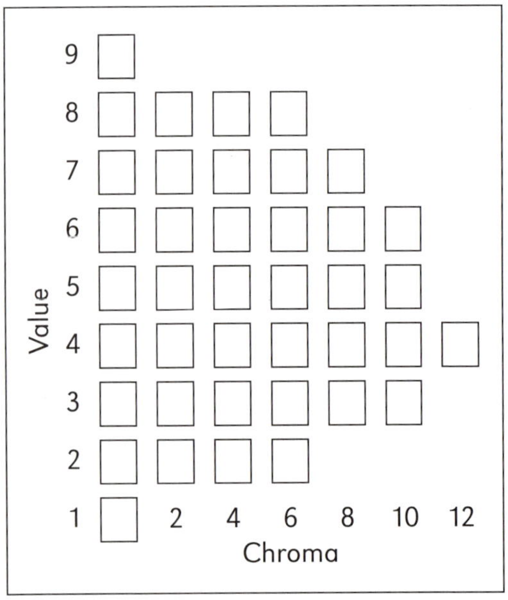

Bild 9/78. Schematische Darstellung einer Seite des Munsell Book of Color – auf eine bunte Darstellung wird bewusst verzichtet, weil sich deutliche Abweichungen von den Original-Farben des Book of Color nicht hätten vermeiden lassen.

Die tatsächlich realisierbaren dunkelsten und hellsten Farben haben die Werte 1 und 9.

Merke: Im Munsell-System sind die Farben durch die empfindungsmäßigen Dimensionen Buntton (Hue), Buntheit (Chroma) und Helligkeit (Value) gekennzeichnet.

40 Bunttöne, 8 Buntheits- und 9 Helligkeitsstufen ergeben rechnerisch 2880 bunte Farben. Tatsächlich sind es aber nur etwa halb so viele, weil nicht alle Kombinationen möglich sind. Ein sehr buntes Rot hat die Helligkeit (Value) 4 oder 5; ein helleres Rot ist verweißlicht, ein dunkleres ist verschwärzlicht – in beiden Fällen ist die Buntheit geringer. Die Buntheitsstufe (Chroma) 16 kommt fast gar nicht vor; bei den meisten Bunttönen reicht die Buntheit nur bis 10, 12 oder 14. Bei den Value-Stufen 1 und 9 gibt es gar keine bunten Farben, sondern nur ein sehr dunkles bzw. sehr helles Unbunt. Das Munsell Book of Color, Auflage 1976, enthält 40 Farbtafeln mit insgesamt 1452 Farbmustern auf glänzend gestrichenem bzw. 1277 Farbmustern auf matt gestrichenem Papier. Jede Tafel zeigt die Farbmuster für jeweils einen Buntton mit allen Chroma- und Value-Abstufungen.

Die Kennzeichnung von Farben nach einem Farbmusterbuch ist nicht ganz unproblematisch. Erstens muss ja sichergestellt sein, dass alle Farben in allen verwendeten Büchern gleich sind – und das gelingt bestenfalls annähernd. Die Kennzeichnung einer Körperfarbe erfolgt durch visuellen Vergleich mit den Farbmustern des Buchs. Angesichts von etwa 2 Millionen Körperfarben und nur 1452 bzw. 1277 Farbmustern, gibt es meistens keine genaue Übereinstimmung. Die Kennzeichnung beschreibt dann nicht die Farbe, um die es eigentlich geht, sondern die Farbe des Musterbuchs, die ihr am ähnlichsten ist. Diese Probleme sind nur dadurch zu lösen, dass anstelle der Farbmuster und des visuellen Vergleichs ein Messverfahren benutzt wird. Darauf wird im siebten Kapitel (Farbmetrik) ausführlich eingegangen.

6.4.3 Nicht-empfindungsmäßige Systeme

Viele Programme bieten die Möglichkeit, Farben mit einem HSB- oder HSL-Farbwähler zu bestimmen. Diese Farbwähler funktionieren von Programm zu Programm etwas unterschiedlich; stellvertretend für alle wird im Folgenden das HSB-System des Programms Adobe Photoshop erläutert. HSB steht für Hue (Buntton), Saturation (Sättigung) und Brightness (Helligkeit). Diese Begriffe scheinen anzudeuten, dass es sich um ein empfindungsmäßiges System handelt. Tatsächlich ermittelt das Programm aber die Werte für H, S und B durch schlichtes Umrechnen von RGB-Farbwerten.

H wird als Winkel in einem Bunttonkreis angegeben; Rot entspricht 0°, Yellow 60°, Grün 120° usw. Eine orange Farbe hat einen Winkel zwischen 0° und 60°, ein grünliches Gelb oder gelbliches Grün einen Winkel zwischen 60° und 120° usf.

Die Saturation ergibt sich rechnerisch aus dem höchsten und dem niedrigsten der drei Farbwerte Rot, Grün und Blau.

Beispiel: R 200 G 150 B 50

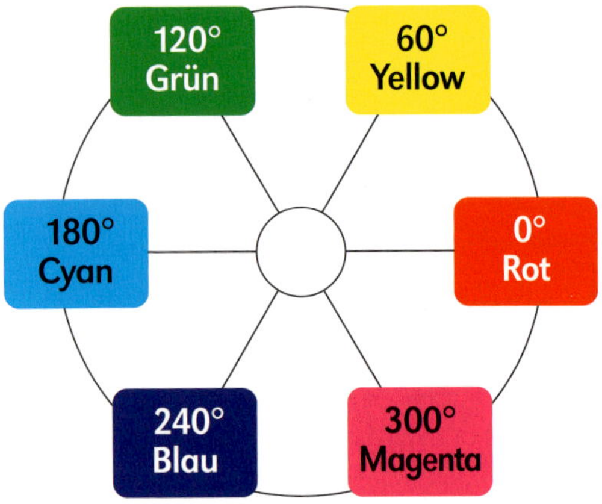

Bild 9/79. HSB-System, Schema des Bunttonkreises

Zuerst wird das prozentuale Verhältnis des kleinsten zum größten Farbwert ausgerechnet:

50 : 200 · 100 % = 25 %

Diese Zahl steht für die Entsättigung der Farbe. Die Saturation ist die Differenz zu 100 %, hier also:

100 % - 25 % = 75 %

Hat mindestens eine der drei Primärfarben den Farbwert 0, so beträgt die Saturation in jedem Fall 100 %.

Beispiel: R 0 G 150 B 250

100 % - 0 : 255 · 100 % = 100 %

Ein Yellow - z. B. R 255 G 255 B 0 - hat nach diesem Rechenweg dieselbe Sättigung wie ein Rot - R 255 G 0 B 0 - oder ein Blau - R 0 G 0 B 255. Tatsächlich ist die Sekundärfarbe Yellow wegen der Unvollkommenheit der Monitor-Leuchtstoffe aber geringer gesättigt als die Primärfarben Rot oder Blau.

Bei der Brightness ist der Rechenweg noch einfacher: Der höchste der drei Werte für Rot, Grün und Blau wird als Prozentsatz angegeben.

Beispiel: R 48 G 80 B 204

Der Farbwert 255 entspricht 100 %, folglich:

204 : 255 · 100 % = 80 %

Nach diesem Verfahren können Farben mit ganz unterschiedlich empfundenen Helligkeiten gleiche Brightness-Werte haben. Bei der Farbe R 0 G 0 B 204 ergibt sich rechnerisch dieselbe Brightness wie bei der erheblich helleren Farbe R 200 G 200 B 204 - in beiden Fällen 80 %.

Das HSB-System ist nach allem kein eigenständiges Farbkennzeichnungssystem, sondern eine Variante der RGB-Farbkennzeichnung. Es hat deshalb dieselben Beschränkungen wie das RGB-System, ist also weder vollständig, noch eindeutig oder empfindungsmäßig gleichabständig (vgl. Abschnitt 6.2).

Zusätzliche Informationen: Die Berechnung des Hue-Werts im HSB-System wurde oben nicht erläutert, weil sie erheblich komplizierter ist als die Berechnung von Saturation und Brightness. Für alle, die es trotzdem wissen möchten und sich vor etwas Mathematik nicht ekeln, hier ein Rechenweg.

Zuerst wird vom höchsten und vom mittleren der drei Werte für R, G und B jeweils der niedrigste subtrahiert. Die Ergebnisse werden hier R', G' und B' genannt.

Beispiel: R 100 G 250 B 50

R' = 100 - 50 = 50

G' = 250 - 50 = 200

Nur diese Anteile sind relevant für den Buntton. Die Anteile von jeweils 50 Rot, Grün und Blau ergeben zusammen Unbunt, entsättigen also die Farbe, ohne den Buntton zu beeinflussen. Jetzt ist von den folgenden sechs Formeln die passende auszuwählen. Es gilt für

Rot bis Yellow	R' > G'	H = G' : R' · 60°
Yellow bis Grün	G' > R'	H = 120° - R' : G' · 60°
Grün bis Cyan	G' > B'	H = 120° + B' : G' · 60°
Cyan bis Blau	B' > G'	H = 240° - G' : B' · 60°
Blau bis Magenta	B' > R'	H = 240° + R' : B' · 60°
Magenta bis Rot	R' > B'	H = 360° - B' : R' · 60°

Für das Beispiel wird die zweite Formel gebraucht:

H = 120° - 50 : 200 · 60° = 105°

Wenn Sie Spaß daran haben, versuchen Sie es selbst mit den Beispielen R 40 G 240 B 80 und R 150 G 50 B 100

Die Lösungen lauten 132° und 330°.

6.5 Wiederholung, Lernerfolgskontrolle

1. Warum sind Farbkennzeichnungen durch Primärfarbenanteile nicht ganz eindeutig? Beantworten Sie bitte die Frage sowohl für den Offsetdruck als auch für Monitore.

2. Bei der additiven, subtraktiven und autotypischen Farbmischung werden die Primärfarben gelegentlich auch Grundfarben genannt. Welche andere Bedeutung hat dagegen der Begriff Grundfarbe bei HKS- und Pantone-Farben?

3. Warum ist es in vielen Fällen nicht möglich, HKS-, Pantone- oder RAL-Farben durch Primärfarbenanteile Cyan, Magenta, Yellow zu kennzeichnen?

4. Von allen Farbkennzeichnungssystemen in diesem Kapitel ist nur eines empfindungsmäßig (ungefähr) gleichabständig. Welches?

5. Warum ist das HSB-System nicht empfindungsmäßig gleichabständig, obwohl es die Begriffe Hue (Buntton), Saturation (Sättigung) und Brightness (Helligkeit) benutzt?

6. Im nebenstehenden Munsell-Farbkreis ist eine rote Farbe durch einen Punkt markiert. Zeichnen Sie bitte drei weitere Farben mit gleichen Bunttönen (bitte mit *H* kennzeichnen) und drei Farben mit gleichen Buntheiten (bitte mit *C* kennzeichnen) ein.

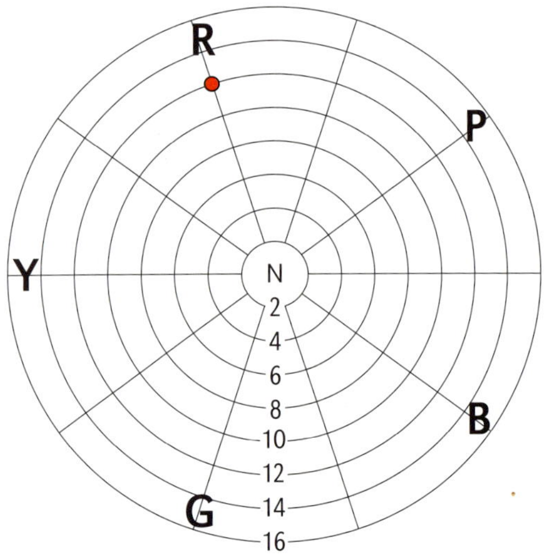

Bild 9/80. Munsell-Farbkreis

7 Farbmetrik – Grundlagen

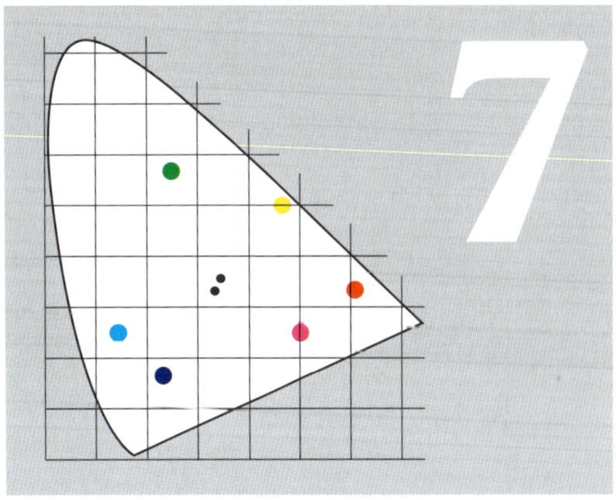

Farbmetrik bedeutet Farbmessung. Was das im Einzelnen heißt, wird in diesem Kapitel erläutert. Anstelle eines Überblicks ein paar Hinweise zum Lernen: Die Farbmetrik ist wahrscheinlich das schwierigste Thema in diesem Buch. Das ist aber gar nicht so schlimm, wie es sich anhört. Denn aus den früheren Kapiteln haben Sie sich schon wichtige Grundlagen zum Verständnis der Farbmetrik erarbeitet. Also kein Grund, den Mut oder die Nerven zu verlieren. In diesem Kapitel geht es um die wichtigsten Grundlagen der Farbmetrik; in Kapitel 8 folgen praktische Anwendungen im Druck- und Medienbereich.

7.1 Einführung

Sinn und Zweck der Farbmetrik ist, Farben eindeutig und objektiv durch Farbwerte zu kennzeichnen. Der Begriff Farbmetrik (Farbmessung) weist darauf hin, dass es um ein messtechnisches Verfahren geht. Das scheint auf den ersten Blick ein Widerspruch in sich zu sein. Denn Farbe ist eine Sinnesempfindung, die über das Auge vermittelt wird und im menschlichen Gehirn entsteht. Eine Sinnesempfindung ist nicht messbar. Sie kann aber durch messtechnische und rechnerische Verfahren modellhaft nachvollzogen werden.
Es gibt zwei unterschiedliche farbmetrische Verfahren: das Spektral- und das Dreibereichsverfahren. Im folgenden Abschnitt wird das Spektralverfahren ausführlich beschrieben; in Abschnitt 7.3 folgt dann eine kurze Darstellung des Dreibereichsverfahrens.
Viele Fachbegriffe und Abkürzungen in der Farbmetrik beginnen mit der Abkürzung CIE - CIE-Normfarbwerte, CIE-Normfarbtafel, CIELAB usw. Diese Abkürzung steht für die Commission International de l'Éclairage (Internationale Beleuchtungskommission). Dieses Gremium hat u. a. die wesentlichen Normen für die Farbmetrik erarbeitet.

7.2 Spektralverfahren

7.2.1 Messung

Nochmals: Farbe (Farbempfindung) ist nicht messbar. Beim Spektralverfahren werden die Farbwerte in zwei Schritten bestimmt. Im ersten wird der spektrale Reflexionsfaktor bzw. Transmissionsfaktor einer Körperfarbe oder die spektrale Strahlungsverteilung des von einem Selbstleuchter emittierten Lichts gemessen. Im zweiten Schritt werden daraus mit Hilfe eines Modells des menschlichen Farbempfindens die Farbwerte berechnet (Abschnitt 7.2.2).
Das beim Spektralverfahren benutzte Messgerät heißt Spektralfotometer. Bild 9/81 zeigt den schematischen Aufbau eines Reflexions-Spektralfotometers, also eines Geräts zur Messung reflektierender Körperfarben. Die im Gerät eingebaute Messlichtquelle beleuchtet die Probe. Die beleuchtete Messfläche ist normalerweise kreisrund und hat einen Durchmesser von etwa 3 mm bis 5 mm. Das von der Probe reflektierte polychromatische Licht wird durch ein Beu-

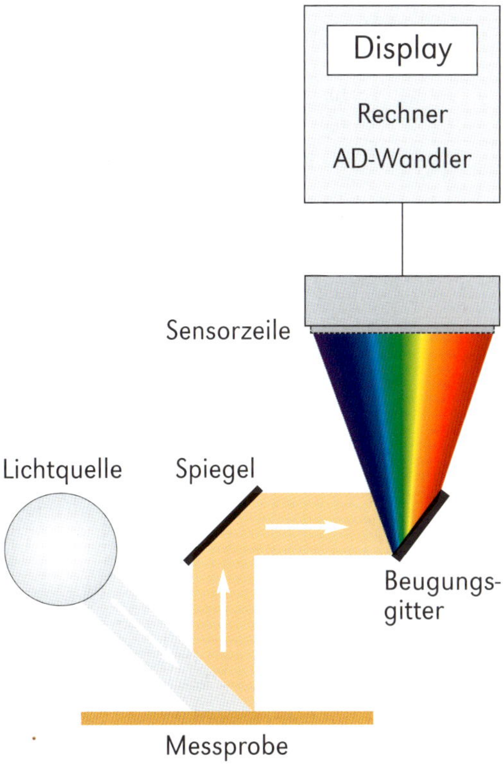

Bild 9/81. Reflexions-Spektralfotometer (schematisch)

λ [nm]	*R*(λ)
380	0,0902
390	0,1539
400	0,2552
410	0,3536
420	0,4042
430	0,4652
440	0,5490
450	0,6210
460	0,6479
470	0,6584
480	0,6525
490	0,6331
500	0,5985
510	0,5439
520	0,4677
530	0,3750
540	0,2796
550	0,1873
560	0,1089
570	0,0634
580	0,0433
590	0,0345
600	0,0282
610	0,0247
620	0,0241
630	0,0244
640	0,0254
650	0,0301
660	0,0383
670	0,0431
680	0,0409
690	0,0360
700	0,0291
710	0,0250
720	0,0285
730	0,0420

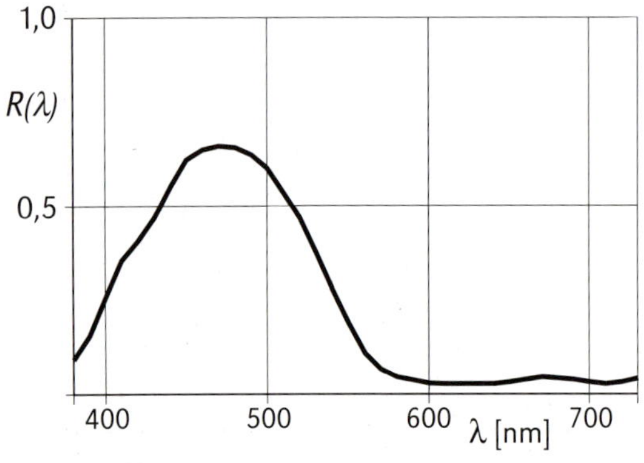

Bild 9/82. Spektraler Reflexionsfaktor einer Körperfarbe in numerischer und grafischer Darstellung

gungsgitter in seine unterschiedlichen Wellenlängen aufgefächert und fällt auf eine Reihe von fotoelektrischen Sensoren (Messzellen). Bei den gebräuchlichen Geräten sind sie so angeordnet, dass Wellenlängen in Intervallen von 10 nm gemessen werden, also z. B. 380 nm, 390 nm, 400 nm, 410 nm, …, 700 nm, 710 nm, 720 nm, 730 nm. Die Sensoren wandeln die Lichtenergie in schwache elektrische Ströme um. Ein Analog-Digital-Wandler misst diese Ströme und gibt sie als digitale Daten aus. Diese Daten werden dann entweder im Messgerät selbst von einem kleinen Rechner aufbereitet und auf einem LC-Display angezeigt. Oder sie werden über ein Interface an einen Computer übergeben und dort auf dem Monitor angezeigt.

Das Ergebnis der Messung ist der spektrale Reflexionsfaktor *R*(λ) („R von lambda") der Farbprobe. Er kann numerisch als Tabelle oder grafisch als Reflexionskurve dargestellt werden (Bild 9/82). Damit ist auch erklärt, wie die in früheren Kapiteln gezeigten Reflexionskurven entstanden sind.

Transmissions- und Emissions-Spektralfotometer funktionieren im Grundsatz nicht anders als Reflexionsmessgeräte. Bei Transmissionsmessungen ist lediglich die Messlichtquelle so angeordnet, dass die Proben durchleuchtet werden, bei Emissionsmessungen entfällt die Messlichtquelle.

Merke: Das beim farbmetrischen Spektralverfahren benutzte Messgerät heißt Spektralfotometer. Damit wird der spektrale Reflexions- bzw. Transmissionsfaktor einer Körperfarbe gemessen oder die spektrale Strahlungsverteilung des emittierten Lichts eines Selbstleuchters.

Die im Druck- und Medienbereich benutzten Spektralfotometer sind meist Handmessgeräte, die in ihrer äußeren Form und Größe Densitometern ähneln. Es gibt auch stationäre Geräte, die z. B. in den Farbprüflabors von Farbenherstellern eingesetzt werden.

Um zutreffende Messwerte zu liefern, muss ein Spektralfotometer vor der Messung kalibriert (geeicht) werden. Zu diesem Zweck wird eine weiße Eichprobe (Weißreferenz) gemessen und das Ergebnis gespeichert. Es dient als Vergleichswert für die folgenden Messungen von Farbproben. Weißreferenzen müssen pfleglich behandelt werden; Staub oder Fingerabdrücke führen zu fehlerhafter Kalibrierung des Messgeräts und damit zu falschen Messergebnissen.

Merke: Vor der Farbmessung wird das Spektralfotometer nach einer Weißreferenz kalibriert (geeicht).

Bei der Messung reflektierender Proben soll immer eine schwarze Unterlage benutzt werden. Hier gilt sinngemäß dasselbe, was in Abschnitt 4.6 zur visuellen Beurteilung von Aufsichtsvorlagen und Druckbogen gesagt wurde. ISO 13655 sieht deshalb bei der Messung eine unbunte, matte Unterlage vor, die das auftreffende Licht zu etwa 2 % reflektiert.

Merke: Nach ISO 13655 soll bei Reflexionsmessungen eine schwarze Unterlage benutzt werden.

7.2.2 Berechnung der Normfarbwerte

Auf Grundlage des gemessenen spektralen Reflexionsfaktors, Transmissionsfaktors oder der spektralen Strahlungsverteilung werden drei Farbwerte errechnet, die CIE-Normfarbwerte *X*, *Y* und *Z*. Zur farbmetrisch eindeutigen Kennzeichnung einer Farbe werden genau drei Werte gebraucht - mehr sind nicht nötig, weniger reichen nicht aus. Die Einzelheiten der Berechnung sollen an dieser Stelle nicht thematisiert werden; wer es genauer wissen möchte, lese die zusätzlichen Informationen am Schluss des Abschnitts. Wichtiger als die Berechnung selbst ist die Frage, was genau berechnet werden soll und welche Größen in die Berechnung einfließen.

Merke: Zur eindeutigen farbmetrischen Kennzeichnung einer Farbe werden drei Farbwerte gebraucht.

Die zu berechnenden Normfarbwerte kennzeichnen die Farbe, also die Empfindung, die - durch das Auge vermittelt - im menschlichen Gehirn entsteht. Der erste Schritt ist deshalb die Frage nach dem Farbreiz: Wie ist das Licht, das vom Auge aufgenommen wird, spektral zusammengesetzt? Bei Selbstleuchtern (z. B. Monitoren) sind emittiertes Licht und Farbreiz dasselbe - das vom Selbstleuchter abgestrahlte Licht trifft auf das Auge. Bei einer Körperfarbe ergibt sich dagegen der Farbreiz aus ihrem spektralen Reflexionsfaktor (oder Transmissionsfaktor) und der spektralen Strahlungsverteilung der Beleuchtung (vgl. Abschnitt 4.1). Deshalb fließt bei Körperfarben die spektrale Strahlungsverteilung der verwendeten Lichtart in die Berechnung der Normfarbwerte ein. Dazu kann im Grundsatz jede beliebige Lichtart benutzt werden, wobei natürlich die Ergebnisse, also die errechneten Farbreize, je nach Lichtart unterschiedlich sind. Nach ISO 13655 wird für die Berechnung der Farbwerte dieselbe Lichtart benutzt, wie nach ISO 3664 für die Farbabmusterung, also D_{50} (vgl. Abschnitt 4.4).

Der zweite Schritt ist die Verarbeitung des Farbreizes durch Auge und Gehirn. Die zur Berechnung der Farbwerte benötigten Informationen sind in den drei Normspektralwertfunktionen $\bar{x}(\lambda)$ („x quer von lambda“), $\bar{y}(\lambda)$ und $\bar{z}(\lambda)$ enthalten. Sie beschreiben die Farbwahrnehmung des farbmetrischen Normalbeobachters, d. h. eines „durchschnittlichen“, farbennormalsichtigen Menschen. Bild 9/83 zeigt die Normspektralwertkurven, also die grafischen Darstellungen der Normspektralwertfunktionen.

In der Farbmetrik gibt es allerdings zwei Normalbeobachter und zwei Sätze von Normspektralwertfunktionen. Der Grund ist eine Besonderheit im Aufbau der Netzhaut. Zapfen und Stäbchen sind nicht gleichmäßig verteilt; es gibt vielmehr einen kleinen Bereich etwa in der Mitte der Netzhaut, die Fovea (Netzhautgrube), in dem sich sehr viele Zapfen, aber keine Stäbchen befinden. Ist eine betrachtete Fläche sehr klein, so kann sie vollständig auf der Fovea abgebildet werden. Als Modell für dieses rein foveale Sehen wurde der 2°-Normalbeobachter definiert. In diesem Fall wird also von einem nur 2° großen Gesichtsfeld ausgegangen. Das entspricht der Betrachtung einer kreisrunden Fläche mit rund 9 mm Durchmesser aus einem Abstand von 250 mm. Zusätzlich wurde ein 10°-Normalbeobachter definiert, dessen Gesichtsfeld einer Fläche mit rund

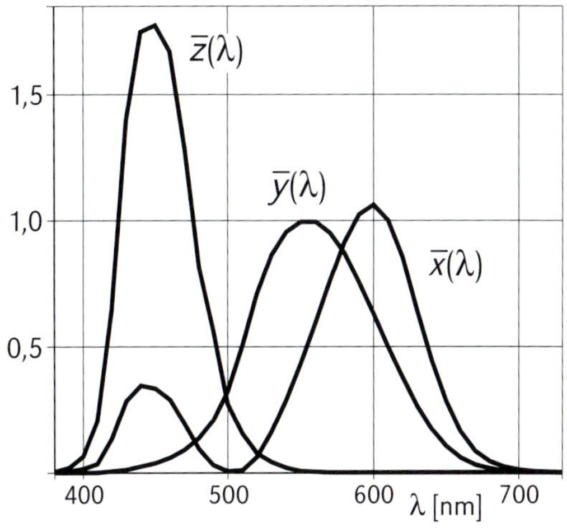

Bild 9/83. Normspektralwertkurven (2°-Normalbeobachter)

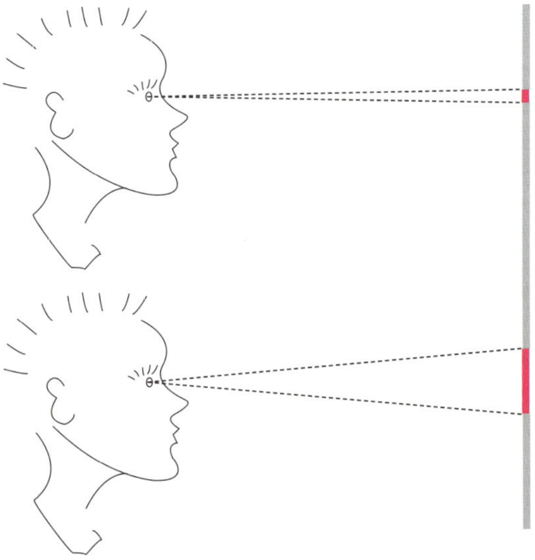

Bild 9/84. Gesichtsfeldgröße 2° (oben) und 10°

44 mm Durchmesser bei 250 mm Betrachtungsabstand entspricht. Je nach Verwendung der Normspektralwertfunktionen für den 2°- oder den 10°-Normalbeobachter ergeben sich unterschiedliche Farbwerte. Nach ISO 13655 sind die Normspektralwertfunktionen des 2°-Normalbeobachters zu verwenden.
Die Berechnung der Normfarbwerte *X*, *Y* und *Z* wird vom Rechner des Messgeräts oder vom Computer übernommen, an den das Messgerät angeschlossen ist. Die Geräte bzw. Programme bieten durchweg mehrere Lichtarten und beide Normalbeobachter an. Um ISO-13655-konform zu arbeiten, müssen die Normlichtart D_{50} und die Gesichtsfeldgröße 2° (2°-Normalbeobachter) eingestellt werden.

Merke: Berechnung der Farbwerte nach ISO 13655: Normlichtart D_{50}, Gesichtsfeldgröße 2°.

Die drei CIE-Normfarbwerte *X*, *Y* und *Z* kennzeichnen eine Farbe vollständig und eindeutig. Wenn zwei Farbproben gleiche Normfarbwerte haben, sind die Farben gleich. Genauer ausgedrückt: Sie sind farbmetrisch identisch. Farbmetrisch identische Farben können aber metamer (bedingt gleich) sein (vgl. Abschnitt 4.2). Sie sehen also bei der visuellen Abmusterung nur dann gleich aus, wenn dieselbe Lichtart wie bei der Berechnung der Farbwerte benutzt wird.

Merke: Farben mit gleichen Farbwerten werden farbmetrisch identisch genannt. Farbmetrisch identische Farben können metamer sein.

Zusätzliche Informationen: Die folgende Tabelle zeigt die Berechnung von *X*, *Y* und *Z*. Die gemessenen Reflexionswerte in Spalte 2 werden mit den Werten der spektralen Strahlungsverteilung (Spalte 3) und den Normspektralwerten $\bar{x}(\lambda)$ (Spalte 4), $\bar{y}(\lambda)$ (Spalte 5) bzw. $\bar{z}(\lambda)$ (Spalte 6) multipliziert. Die Ergebnisse in den Spalten 7, 8 und 9 werden addiert. Diese Spaltensummen müssen dann noch mit einem konstanten Faktor multipliziert werden, der hier 0,095190525 beträgt. Der Faktor ist so gewählt, dass der theoretische Maximalwert für *Y* gleich 100 ist.
$X = 138{,}206 \cdot 0{,}09519053 \approx 13{,}16$
$Y = 217{,}947 \cdot 0{,}09519053 \approx 20{,}75$
$Z = 508{,}690 \cdot 0{,}09519053 \approx 48{,}42$

λ [nm] (1)	$R(\lambda)$ (2)	$S(\lambda)$ (3)	$\bar{x}(\lambda)$ (4)	$\bar{y}(\lambda)$ (5)	$\bar{z}(\lambda)$ (6)	$R(\lambda)\cdot S(\lambda)\cdot\bar{x}(\lambda)$ (7)	$R(\lambda)\cdot S(\lambda)\cdot\bar{y}(\lambda)$ (8)	$R(\lambda)\cdot S(\lambda)\cdot\bar{z}(\lambda)$ (9)
380	0,0902	24,49	0,0014	0,0000	0,0065	0,003	0,000	0,014
390	0,1539	29,87	0,0042	0,0001	0,0201	0,019	0,001	0,092
400	0,2552	49,31	0,0143	0,0004	0,0679	0,171	0,005	0,854
410	0,3536	56,61	0,0435	0,0012	0,2074	0,871	0,024	4,152
420	0,4042	60,03	0,1344	0,0040	0,6456	3,261	0,097	15,665
430	0,4652	57,82	0,2839	0,0116	1,3856	7,636	0,312	37,270
⋮	⋮	⋮	⋮	⋮	⋮	⋮	⋮	⋮
670	0,0431	103,00	0,0874	0,0320	0,0000	0,388	0,142	0,000
680	0,0409	99,13	0,0468	0,0170	0,0000	0,190	0,069	0,000
690	0,0360	87,38	0,0227	0,0082	0,0000	0,071	0,026	0,000
700	0,0291	91,60	0,0114	0,0041	0,0000	0,030	0,011	0,000
710	0,0250	92,89	0,0058	0,0021	0,0000	0,014	0,005	0,000
720	0,0285	76,85	0,0029	0,0010	0,0000	0,006	0,002	0,000
730	0,0420	86,51	0,0014	0,0005	0,0000	0,005	0,002	0,000
				Spaltensummen		138,206	217,947	508,690

7.3 Dreibereichsverfahren

Auch beim Dreibereichsverfahren geht es darum, die CIE-Normfarbwerte X, Y, Z zu ermitteln. Unterschiede zum Spektralverfahren gibt es nur bei der technischen Vorgehensweise.
Beim Dreibereichsverfahren wird versucht, die menschliche Farbwahrnehmung mit drei Rezeptoren unmittelbar technisch nachzustellen. Dreibereichs-Fotometer arbeiten deshalb mit drei Farbfiltern und drei fotoelektrischen Sensoren. Die drei Kombinationen aus Filtern und Sensoren stehen für die drei Zapfenarten der Netzhaut. Die Filter-Sensor-Kombinationen müssen in ihren spektralen Empfindlichkeiten entweder genau den drei Normspektralwertfunktionen entsprechen. Oder soweit das technisch nicht realisierbar ist, müssen die Abweichungen so regelmäßig sein, dass sie sich rechnerisch korrigieren lassen.
Dreibereichs-Fotometer haben gegenüber Spektralfotometern den Vorteil, dass sie technisch einfacher aufgebaut und deshalb billiger sind. Weil es aber bislang noch nicht möglich ist, optimale Filter-Sensor-Kombinationen herzustellen, ist das Dreibereichsverfahren ungenauer als das Spektralverfahren. In der Praxis werden Dreibereichs-Fotometer hauptsächlich als Monitor-Colorimeter eingesetzt, also zur Messung der von Monitoren emittierten Lichtfarben.

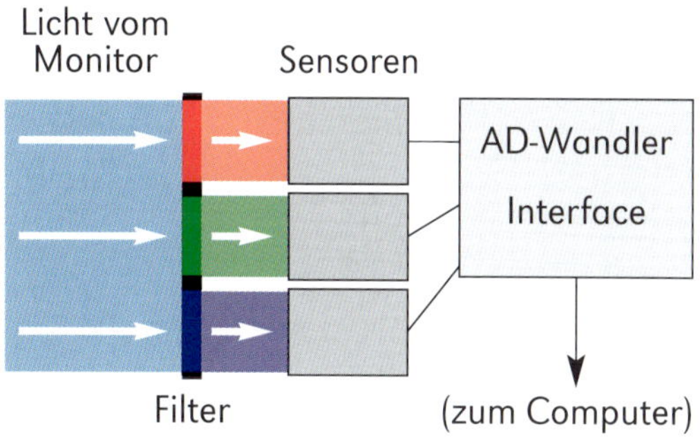

Bild 9/85. Monitor-Colorimeter - Dreibereichs-Fotometer für Emissionsmessungen (schematisch)

Merke: Das farbmetrische Dreibereichsverfahren ist ungenauer als des Spektralverfahren.

7.4 CIE-Normfarbwertanteile

Die CIE-Normfarbwerte X, Y und Z haben den Nachteil, sehr unanschaulich zu sein - sie vermitteln kaum eine Vorstellung, wie eine Farbe aussieht (vgl. die Beispiele in der nebenstehenden Übersicht). Buntton und Buntheit einer Farbe sind nicht ohne weiteres erkennbar. Lediglich die Helligkeit kann direkt abgelesen werden: Der Normfarbwert Y ist zugleich der Hellbezugswert der Farbe. Er ist aber empfindungsmäßig nicht gleichabständig: Auf der Y-Skala von 0 (absolutes Schwarz) bis 100 (absolutes Weiß) liegt die empfindungsmäßig mittlere Helligkeit nicht bei 50, sondern bei etwa 20. Wegen dieser praktischen Nachteile der CIE-Normfarbwerte wurden andere Darstellungsformen entwickelt. Die zwei wichtigsten werden in diesem und im folgenden Abschnitt behandelt.
Anstelle der CIE-Normfarbwerte können CIE-Normfarbwertanteile zur Farbkennzeichnung benutzt werden. Die CIE-Normfarbwertanteile x und y geben an, wie groß die entsprechenden CIE-Normfarbwerte X und Y im Verhältnis zur Summe $X+Y+Z$ sind.

$$x = X : (X+Y+Z)$$
$$y = Y : (X+Y+Z)$$

Entsprechend lässt sich ein dritter Farbwertanteil z berechnen:

$$z = Z : (X+Y+Z)$$

Der Farbwertanteil z wird aber gar nicht gebraucht, weil die Summe $x+y+z$ immer gleich 1 ist. Die Angabe von x und y reicht aus, weil sich z eindeutig aus x und y ergibt: $z = 1 - (x+y)$. Damit sind die ursprünglichen drei Farbwerte auf nur noch zwei Farbwertanteile reduziert. Das hat den Vorteil, dass eine grafische Darstellung in einem

Normfarbwerte der Skalendruckfarben und der Sekundärfarben

	X	Y	Z
	14,3	22,0	51,3
	32,1	16,0	15,5
	66,8	72,1	6,2
	30,6	16,8	2,9
	7,7	17,6	5,7
	6,5	4,8	16,8

Auf glänzend gestrichenem, holzfreien Papier; ISO 12647-2, eigene Berechnung

ebenen (zweidimensionalen) Koordinatensystem möglich ist.
Beispiel: $X = 15$ $Y = 7$ $Z = 3$
CIE-Normfarbwertanteile x und y:

$$x = 15 : (15 + 7 + 3) = 0{,}60$$
$$y = 7 : (15 + 7 + 3) = 0{,}28$$

Der nicht benötigte Farbwertanteil z beträgt:

$$z = 3 : (15 + 7 + 3) = 0{,}12 \quad \text{oder:} \quad z = 1 - (0{,}60 + 0{,}28) = 0{,}12$$

9/33 Eine Farbe hat die CIE-Normfarbwerte $X = 15$, $Y = 25$, $Z = 10$. Errechnen Sie bitte die CIE-Normfarbwertanteile x und y!

Zwei Farbwertanteile können aber nicht dieselben Informationen enthalten wie drei Farbwerte. Es wurde bereits darauf hingewiesen, dass zur eindeutigen und vollständigen farbmetrischen Kennzeichnung einer Farbe immer drei Werte gebraucht werden (Abschnitt 7.2.2). Die Farbwertanteile x und y kennzeichnen die Farbe nicht vollständig, sondern geben nur die Farbart an. Farben mit gleicher Farbart, also gleichen x- und y-Werten, haben gleiche Bunttöne und Sättigungen, können sich aber in der Helligkeit unterscheiden. Um eine Farbe eindeutig zu kennzeichnen, muss zusätzlich zu den CIE-Normfarbwertanteilen x und y der CIE-Normfarbwert Y für die Helligkeit angegeben werden.

Merke: Die Farbwertanteile x und y kennzeichnen die Farbart. Farben mit gleicher Farbart haben gleiche Bunttöne und Sättigungen. Der CIE-Normfarbwert Y kennzeichnet die Helligkeit.

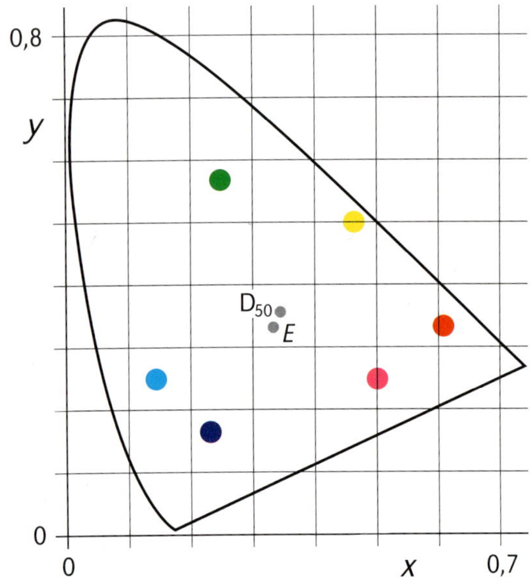

Bild 9/86. CIE-Normfarbtafel; die bunten Punkte kennzeichnen die Skalendruckfarben und ihre Sekundärfarben (ISO 12647-2, glänzend gestrichenes Papier; eigene Berechnung).

Die grafische Darstellung der CIE-Normfarbwertanteile heißt CIE-Normfarbtafel und wird fach-umgangssprachlich meistens „Schuhsohle“ genannt. Der Buntton einer Farbart ist aus der Lage in der Schuhsohle zu erkennen: Rot liegt rechts unten, Grün oben, Blau links unten. Zur Orientierung sind in Bild 9/86 die Farbarten der Skalendruckfarben und ihrer Sekundärfarben eingetragen.
Der mit E bezeichnete Punkt in der CIE-Normfarbtafel kennzeichnet die Farbart des energiegleichen Spektrums (vgl. Abschnitt 4.1) mit den Koordinaten $x = 0{,}3333$ und $y = 0{,}3333$. Wenn es um die Farbarten von Selbstleuchtern geht, gilt das energiegleiche Spektrum als unbunt, bei Körperfarben dagegen die verwendete Lichtart, hier also D_{50}. Die Normlichtart D_{50} hat die Farbwertanteile $x = 0{,}3457$, $y = 0{,}3585$, liegt also in der grafischen Darstellung etwas rechts und oberhalb von E.
Mit zunehmendem Abstand vom Unbunt steigt die Sättigung; die Farbarten mit höchstmöglicher Sättigung liegen auf dem Rand der „Schuhsohle“. Diese maximale Sättigung wird aber von Körperfarben niemals erreicht. Zur Erinnerung: Die Sättigung ist nicht dasselbe wie die Buntheit! Eine hoch gesättigte Farbe kann zwar zugleich sehr bunt sein; sie kann aber auch sehr dunkel (weil stark verschwärzlicht) sein und deshalb eine sehr geringe Buntheit haben (vgl. Abschnitt 3.3). Von einer hohen Sättigung kann also nicht unmittelbar auf eine hohe Buntheit geschlossen werden. Dieser

Schluss funktioniert nur in umgekehrter Richtung: Eine Farbe mit geringer Sättigung hat immer zugleich eine geringe Buntheit.

Merke: Rote Farbarten liegen rechts unten, grüne oben und blaue links unten in der CIE-Normfarbtafel.
Die Sättigung einer Farbart ist am Abstand vom Unbunt zu erkennen. Je größer der Abstand, desto höher die Sättigung.

Wenn der CIE-Normfarbwert *Y* als Hellbezugswert in die Darstellung einbezogen wird, ergibt sich der in Bild 9/87 gezeigte Farbkörper. Seine Grundfläche entspricht der Normfarbtafel. Nach oben hin – also bei steigender Helligkeit – verjüngt er sich aber. Das liegt daran, dass die meisten helleren Farben, mit Ausnahme von Yellow, kräftig verweißlicht sind, also gar nicht so hoch gesättigt sein können wie dunklere Farben (vgl. Abschnitt 3.3). In der grafischen Darstellung wirkt dieser Effekt allerdings überzeichnet, weil die Helligkeitsskala nicht gleichabständig ist. Die empfindungsmäßig mittlere Helligkeit liegt ja nicht in der Mitte der *Y*-Skala, sondern bei ungefähr 20.
Die CIE-Normfarbtafel mag zwar die Forderung nach Anschaulichkeit besser erfüllen als die CIE-Normfarbwerte *X*, *Y*, *Z*. Bei näherem Hinsehen zeigt sich allerdings, dass die Normfarbtafel gar nicht so anschaulich ist, wie sie auf den ersten Blick aussieht. Die mit den Farbwerten *x* und *y* gekennzeichneten Farbarten sind empfindungsmäßig nicht gleichabständig. Teils liegen unterschiedliche Farbarten in der Farbtafel sehr eng beieinander; sehr kleine Abstände zwischen zwei Farbarten stehen also bereits für recht groß empfundene Unterschiede. Das gilt insbesondere für die roten und blauen Farbarten in den unteren Ecken der „Schuhsohle“. Ähnlich kleine Abstände zwischen Farbarten im grünen Bereich der Farbtafel stehen für deutlich kleiner empfundene Unterschiede. Auf die Ungleichabständigkeit der Helligkeitsskala wurde schon hingewiesen.

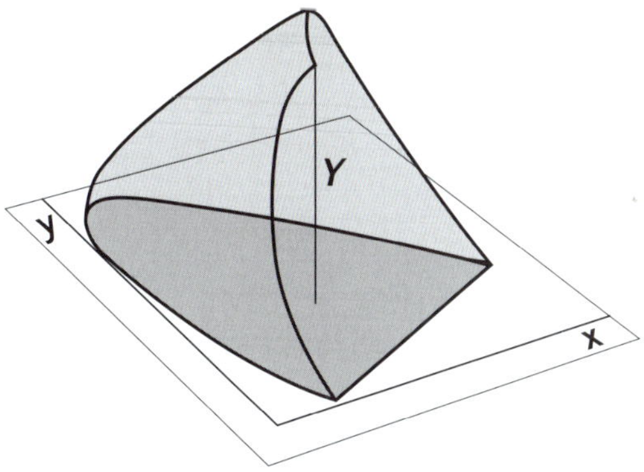

Bild 9/87. CIE-Farbkörper

7.5 CIELAB

Im Unterschied zu den CIE-Normfarbwerten (*X*, *Y*, *Z*) und Normfarbwertanteilen (*x*, *y*) ist das CIELAB-System empfindungsmäßig nahezu gleichabständig. Gleiche Unterschiede zwischen CIELAB-Farbwerten stehen also für ungefähr gleich stark empfundene Farbunterschiede. Es gibt zwar noch andere farbmetrische Systeme, die dieses Kriterium gleich gut oder möglicherweise sogar noch etwas besser erfüllen. Zumindest im Medienbereich wird aber fast ausschließlich das CIELAB-System benutzt.

Merke: Das CIELAB-System ist empfindungsmäßig (ungefähr) gleichabständig.

Die CIELAB-Farbwerte L^*, a^* und b^* werden rechnerisch aus den CIE-Normfarbwerten *X*, *Y* und *Z* ermittelt. Die Umrechnungsformeln sind aber zwangsläufig komplizierter als bei *x* und *y*. Einzelheiten dazu am Schluss dieses Abschnitts. Die Sternchen der Symbole L^*, a^* und b^* werden in der Praxis häufig weggelassen, die Bezeichnung CIELAB wird oft zu LAB (oder Lab) verkürzt.

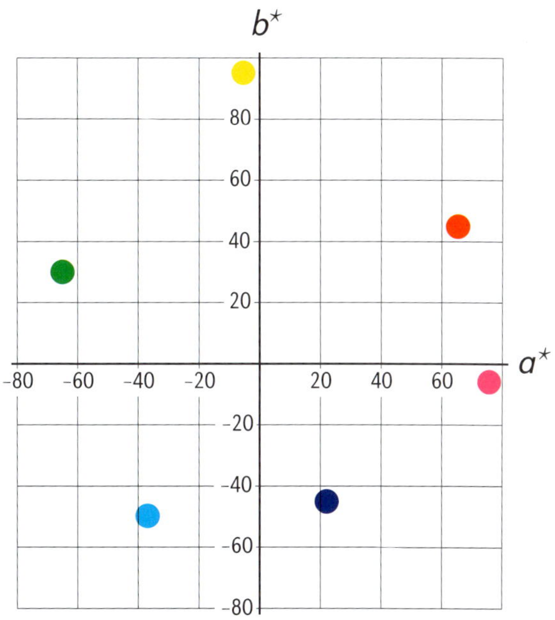

Bild 9/88. a^*-b^*-Ebene des CIELAB-Farbraums. Bunte Punkte: Skalendruckfarben und Sekundärfarben (ISO 12647-2, glänzend gestrichenes Papier)

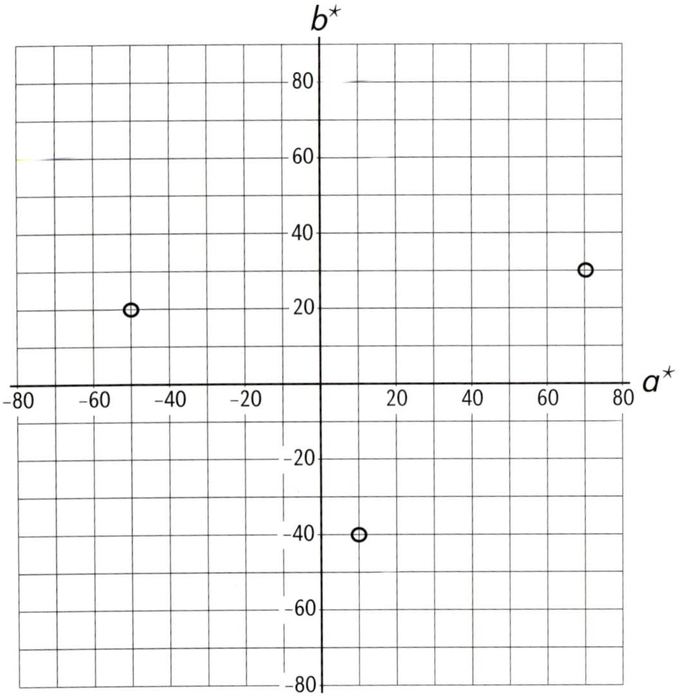

Bild 9/89. Farben bitte mit *R*, *G* und *B* kennzeichnen und bunttongleiche Farben einzeichnen!

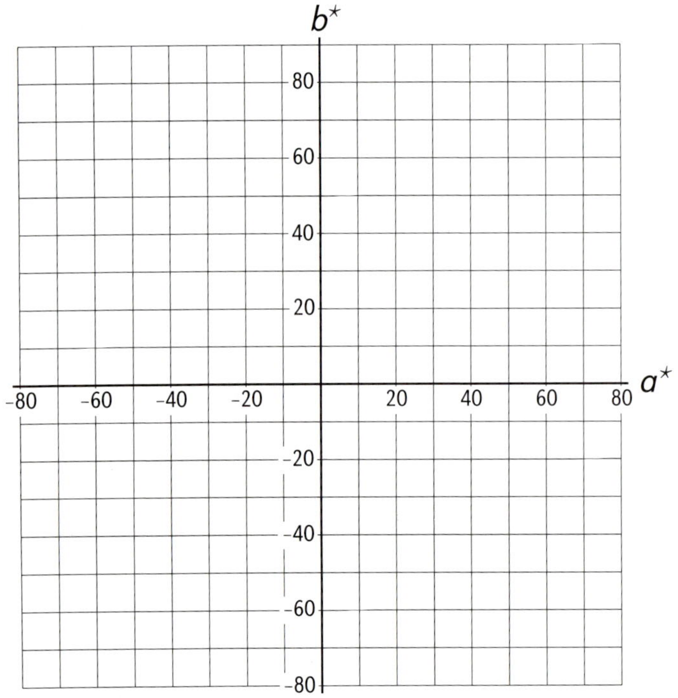

Bild 9/90. Bitte Farben eintragen und Buntheiten vergleichen!

Buntton und Buntheit einer Farbe lassen sich an den CIELAB-Farbwerten a^* und b^* erkennen. Beide Farbwerte können sowohl positiv als auch negativ sein. Zur grafischen Darstellung wird deshalb ein vollständiges rechtwinkliges Koordinatensystem mit allen vier Quadranten gebraucht.
Unbunte Farben haben immer die Farbwerte $a^* = 0$ und $b^* = 0$; der Unbuntpunkt ist also der Ursprung (Nullpunkt) des a^*-b^*-Koordinatensystems.
Der Buntton einer Farbe ist an der Richtung zu erkennen, in der sie vom Unbuntpunkt aus gesehen im a^*-b^*-Koordinatensystem liegt. Alle Farben, die auf einem vom Unbuntpunkt ausgehenden Strahl liegen, haben gleiche Bunttöne. Zur groben Orientierung zeigt Bild 9/88 die Skalendruckfarben und ihre Sekundärfarben im a^*-b^*-Koordinatensystem.

Merke: Der Unbuntpunkt hat im CIELAB-System die Farbwerte $a^* = 0$, $b^* = 0$. Bunttongleiche Farben liegen auf einem Strahl, der vom Unbuntpunkt ausgeht.

9/34 Im nebenstehenden a^*-b^*-Koordinatensystem (Bild 9/89) sind eine rote, eine grüne und eine blaue Farbe eingetragen.
a) Kennzeichnen Sie bitte die Farben mit *R*, *G* und *B*.
b) Zeichnen Sie bitte noch je zwei bunttongleiche rote, grüne und blaue Farben ein.

Je weiter eine Farbe in der a^*-b^*-Ebene vom Unbuntpunkt entfernt liegt, desto höher ist ihre Buntheit. Hier gibt es also einen ganz wichtigen Unterschied zur CIE-Normfarbtafel: Im CIELAB-System kennzeichnet der Abstand zum Unbunt die Buntheit, in der CIE-Normfarbtafel dagegen die Sättigung. Alle Farben, die auf einem Kreis um den Unbuntpunkt liegen, haben im CIELAB-System die gleiche Buntheit.

Merke: Im CIELAB-System liegen Farben mit gleicher Buntheit auf einem Kreis, dessen Mittelpunkt der Unbuntpunkt ist.

9/35 Zeichnen Sie bitte in das nebenstehende Koordinatensystem die Punkte für folgende Farben ein:

Orange	$a^* = 20$	$b^* = 80$
Grün	$a^* = -70$	$b^* = 30$
Cyan	$a^* = -40$	$b^* = -40$
Violett	$a^* = 40$	$b^* = -30$

Ermitteln Sie bitte, welche Farbe die höchste Buntheit hat, welche die zweithöchste usw. Zeichnen Sie zu diesem Zweck zu jeder Farbe einen Kreis, dessen Mittelpunkt der Unbuntpunkt ist und auf dessen Bogen die jeweilige Farbe liegt.

L^* ist der Helligkeitswert im CIELAB-System. Die Helligkeitsskala reicht von 0 (absolutes Schwarz) bis 100 (absolutes Weiß), hat also - von der Null abgesehen - nur positive Werte. Die empfindungsmäßig mittlere Helligkeit liegt bei etwa 50. In der grafischen Darstellung steht die L^*-Achse senkrecht auf dem Unbuntpunkt. Alle unbunten Farben ($a^* = 0$, $b^* = 0$) liegen auf der L^*-Achse; sie wird deshalb auch Unbunt- oder Grauachse genannt.
Der CIELAB-Farbkörper ist sehr unregelmäßig geformt. Bild 9/92 zeigt ihn als Schichtenmodell in perspektivischer Darstellung. Die unregelmäßige Form ergibt sich daraus, dass die maximalen Buntheiten der Farben je nach Helligkeit und Buntton sehr unterschiedlich hoch sind.
In der Draufsicht von oben (Bild 9/93) schließt die äußere Begrenzung alle Farben ein, die von Menschen empfunden werden können. Der grau unterlegte Bereich kennzeichnet die ungefähre Menge der tatsächlich existierenden Körperfarben, die in der Natur vorkommen oder technisch herstellbar sind. Der vollständige CIELAB-Farbkörper enthält also Farben mit sehr hohen Buntheiten, die von realen Körperfarben niemals erreicht werden.

Zusätzliche Informationen: Die Formeln für L^*, a^* und b^* lauten:

$$L^* = 116 \cdot \sqrt[3]{Y : Y_n} - 16$$

$$a^* = 500 \cdot \left(\sqrt[3]{X : X_n} - \sqrt[3]{Y : Y_n}\right)$$

$$b^* = 200 \cdot \left(\sqrt[3]{Y : Y_n} - \sqrt[3]{Z : Z_n}\right)$$

Darin stehen X_n, Y_n und Z_n für den jeweils theoretisch höchstmöglichen X-, Y- bzw. Z-Farbwert. Für D_{50}, Gesichtswinkel 2°, gilt: $X_n = 96{,}422$, $Y_n = 100{,}000$, $Z_n = 82{,}521$. Falls der Quotient unter der Kubikwurzel kleiner oder gleich 0,008856 ist, wird die Wurzel durch den Ausdruck $[7{,}787 \cdot (X : X_n) + 0{,}138]$ bzw. $[7{,}787 \cdot (Y : Y_n) + 0{,}138]$ bzw. $[7{,}787 \cdot (Z : Z_n) + 0{,}138]$ ersetzt.

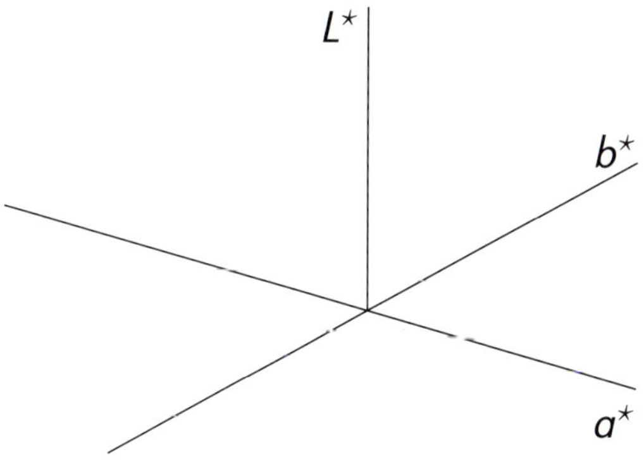

Bild 9/91: Koordinaten des CIELAB-Farbraums

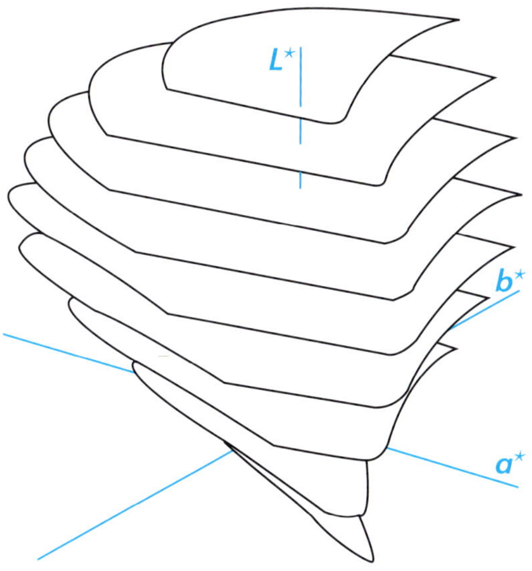

Bild 9/92. CIELAB-Farbkörper, Schichtenmodell

7.6 Buntheit und Bunttonwinkel

Während die Helligkeit einer Farbe unmittelbar am L^*-Wert abgelesen werden kann, sind Buntheit und Buntton in a^* und b^* „versteckt“. Aus a^* und b^* können aber zwei Werte errechnet werden, die Buntheit und Buntton ganz unmittelbar kennzeichnen.
Der Buntheitswert C^* entspricht dem Abstand vom Unbunt, also vom Nullpunkt des a^*-b^*-Koordinatensystems (Bild 9/94). C^* wird mit Hilfe des Pythagorassatzes ausgerechnet: $C^{*2} = a^{*2} + b^{*2}$

$$C^* = \sqrt{a^{*2} + b^{*2}}$$

Beispiel: $a^* = 50$ $b^* = -20$ Da a^* und b^* quadriert werden, können negative Vorzeichen weggelassen werden:

$$C^* = \sqrt{50^2 + 20^2} \approx 53{,}9$$

9/36 Bestimmen Sie bitte rechnerisch C^* zu den Farben aus Aufgabe 9/35.

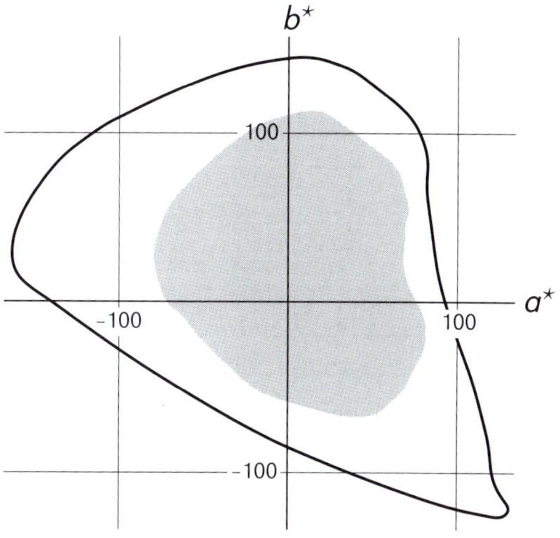

Bild 9/93. CIELAB-Farbkörper in der Draufsicht von oben. Die L^*-Achse steht senkrecht zur Papierebene. Der grau unterlegte Bereich kennzeichnet ungefähr die Menge der Körperfarben, die technisch hergestellt werden können oder in der Natur vorkommen.

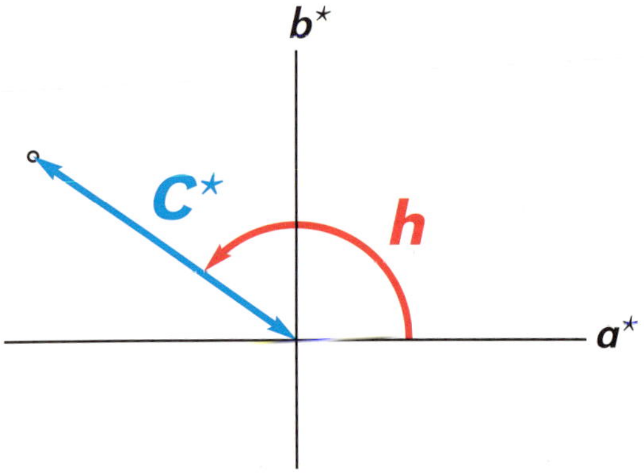

Bild 9/94. Buntheit C^* und Bunttonwinkel h

Der Bunttonwinkel h ist der Winkel zwischen dem positiven (rechten) Stück der a^*-Achse und einem Strahl, der vom Unbuntpunkt ausgeht. Er wird in mathematisch positiver Richtung, also linksdrehend (gegen den Uhrzeigersinn) gemessen. Der Bunttonwinkel hat die Winkeleinheit Grad; das Grad-Zeichen wird aber üblicherweise weggelassen.
Im Gegensatz zu L^*, a*, b^* und C^* ist der Bunttonwinkel keine empfindungsmäßig gleichabständige Größe. Gleiche Strecken stehen im CIELAB-Koordinatensystem für (ungefähr) gleiche Farbunterschiede. Gleiche Winkel können aber für ganz unterschiedlich lange Strecken stehen. Beispiel: Zwei gleich bunte Farben mit den Bunttonwinkeln $h_1 = 85$ und $h_2 = 90$ und der geringen Buntheit $C^* = 2$ liegen im Koordinatensystem eng beieinander. Bei der hohen Buntheit $C^* = 100$ liegen sie bei unveränderten Bunttonwinkeln vergleichsweise weit auseinander.

Merke: C^* kennnzeichnet die Buntheit einer Farbe, h ist ihr Bunttonwinkel.

Die Berechnung des Bunttonwinkels ist etwas komplizierter und wird deshalb in den zusätzlichen Informationen am Schluss dieses Abschnitts erläutert. In der Praxis werden C^* und h vom Rechner des Messgeräts oder dem angeschlossenen Computer berechnet und auf dem Display bzw. Monitor angezeigt. Um sicher zu gehen, dass Sie das Prinzips des Bunttonwinkels verstanden haben, lösen Sie bitte noch die folgende Übungsaufgabe.

9/37 Zeichnen Sie bitte in das nebenstehende a^*-b^*-Koordinatensystem die Punkte für folgende Farben ein.

Rot-Orange	$a^* = 70$	$b^* = 70$	$h =$ ______
Grün	$a^* = -60$	$b^* = 30$	$h =$ ______
Cyan	$a^* = -40$	$b^* = -40$	$h =$ ______
Violett	$a^* = 30$	$b^* = -50$	$h =$ ______

Messen Sie bitte die Bunttonwinkel der vier Farben mit einem Winkelmesser oder Geodreieck und notieren sie die Ergebnisse oben.

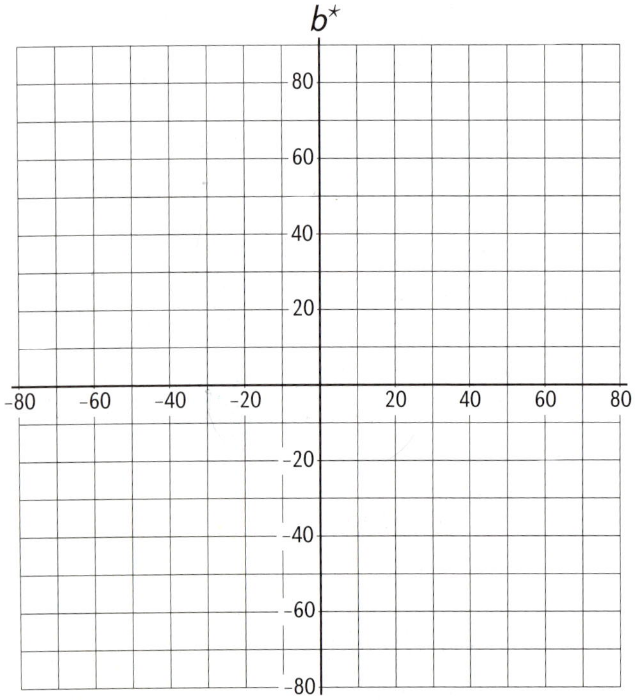

Bild 9/95. Bitte Farben einzeichnen und Bunttonwinkel messsen!

Zusätzliche Informationen: Zur Berechnung des Bunttonwinkels kann die Umkehrung der Tangensfunktion, also Arkustangens, benutzt werden: $h = \arctan(b^* : a^*)$.
Beim Rechnen mit dem Taschenrechner ist zu beachten, dass dieser nicht den Winkel (arctan), sondern den Hauptwert (Arctan) anzeigt. Der Hauptwert kann positiv oder negativ sein, sein absoluter Betrag ist immer kleiner als 90°. Wie dann weiter zu verfahren ist, hängt von der Größe des gesuchten Winkels ab. Es gilt für Winkel
zwischen 0° und 90°: $h = \mathrm{Arctan}(b^* : a^*)$
zwischen 90° und 270°: $h = 180° + \mathrm{Arctan}(b^* : a^*)$
zwischen 270° und 360°: $h = 360° + \mathrm{Arctan}(b^* : a^*)$
Der Rechenweg funktioniert nicht, wenn $a^* = 0$, weil eine Division durch Null nicht möglich ist. In diesem speziellen Fall gilt:
$h = 90°$ für $b^* > 0$
$h = 270°$ für $b^* < 0$

7.7 CIELAB-Farbabstand

Der CIELAB-Farbabstand ΔE^* („Delta E") gibt an, wie stark sich zwei ähnliche Farben empfindungsmäßig voneinander unterscheiden.

Um den Farbabstand auszurechnen, werden zuerst die Differenzen der Farbwerte L^*, a^*, b^* ermittelt.

$$\Delta L^* = L^*_2 - L^*_1$$
$$\Delta a^* = a^*_2 - a^*_1$$
$$\Delta b^* = b^*_2 - b^*_1$$

Diese drei Differenzen können als Seitenlängen eines Quaders verstanden werden, an dessen entgegengesetzten Ecken sich die beiden Farben befinden (Bild 9/96). Der Abstand zwischen diesen beiden Punkten wird mit Hilfe eines „räumlichen Pythagorassatzes" ausgerechnet:

$$(\Delta E^*)^2 = (\Delta L^*)^2 + (\Delta a^*)^2 + (\Delta b^*)^2$$

Daraus ergibt sich durch Radizieren beider Gleichungsseiten die CIELAB-Farbabstandsformel:

$$\Delta E^* = \sqrt{(\Delta L^*)^2 + (\Delta a^*)^2 + (\Delta b^*)^2}$$

Beispiel: $L^*_1 = 62 \quad a^*_1 = 20 \quad b^*_1 = 45$

$L^*_2 = 64 \quad a^*_2 = 21 \quad b^*_2 = 43$

$\Delta L^* = 64 - 62 = 2$

$\Delta a^* = 21 - 20 = 1$

$\Delta b^* = 43 - 45 = -2$

Da die Farbwertedifferenzen quadriert werden, können negative Vorzeichen weggelassen werden.

$$\Delta E^* = \sqrt{2^2 + 1^2 + 2^2} = 3$$

Aus dem Rechenweg ergibt sich, dass ΔE^* immer positiv ist. Der CIELAB-Farbabstand kennzeichnet also die Stärke eines Farbunterschieds, benennt aber keine Richtung.

Merke: Der CIELAB-Farbabstand ΔE^* kennzeichnet die empfindungsmäßige Stärke des Unterschieds zwischen zwei ähnlichen Farben. ΔE^* ist immer positiv.

Bleibt noch die Frage zu beantworten, wie verschieden denn zwei Farben mit dem Farbabstand $\Delta E^* = 3$ aussehen. Die nebenstehende Übersicht zur Bewertung von Farbabständen gibt Anhaltspunkte dazu. Bild 9/97 zeigt einige Beispiele, die möglicherweise instruktiver sind als die verbale Bewertung von Farbabständen.

9/38 Zwei grüne Farben haben die Farbwerte

$L^*_1 = 48 \quad a^*_1 = -45 \quad b^*_1 = 30$

$L^*_2 = 50 \quad a^*_2 = -41 \quad b^*_2 = 28$

Errechnen Sie bitte den CIELAB-Farbabstand.

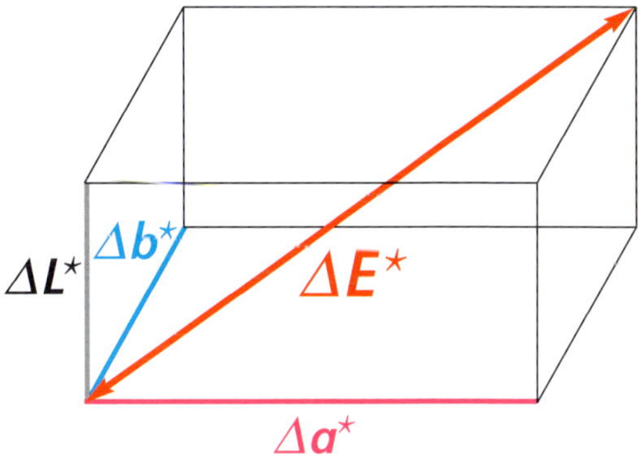

Bild 9/96. Geometrische Darstellung von ΔE^*

Bewertung des CIELAB-Farbabstands ΔE^*

Farbabstand	Bewertung
kleiner als 0,2	nicht wahrnehmbar
0,2 bis unter 1,0	sehr gering
1,0 bis unter 3,0	gering
3,0 bis unter 6,0	mittel
mehr als 6,0	groß

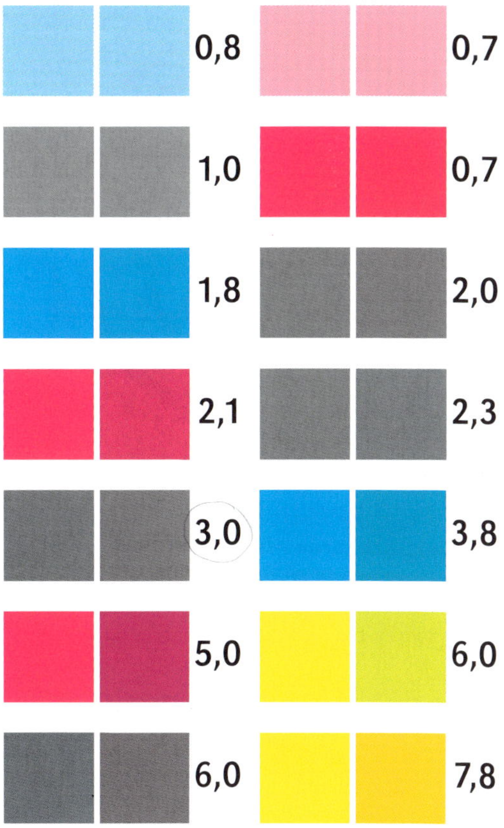

Bild 9/97. Die CIELAB-Farbabstände sind jeweils rechts neben den Probenpaaren angegeben.

Der Farbabstand ΔE^* gibt an, wie stark sich zwei Farben voneinander unterscheiden, nicht aber, worin der Unterschied besteht. Um diese Informationen zu liefern, können zusätzlich der Helligkeitsbeitrag ΔL^*, der Buntheitsbeitrag ΔC^* und der Bunttonbeitrag ΔH^* zum Farbabstand angegeben werden. Die Rechenwege finden sich in den zusätzlichen Informationen am Schluss dieses Abschnitts. Hier nur die Ergebnisse zum oben begonnenen Beispiel:

$\Delta L^* = 2{,}00$
$\Delta C^* = -1{,}39$
$\Delta H^* = -2{,}07$

Helligkeits- und Buntheitsbeitrag sind leicht zu interpretieren: Der Helligkeitsbeitrag im Beispiel ist positiv, die zweite Farbe ist also heller als die erste. Der Buntheitsbeitrag ist negativ, die zweite Farbe ist weniger bunt.

Die Interpretation des Bunttonbeitrages ist etwas schwieriger. Da beide Farben positive a^*-Werte und positive b^*-Werte haben, liegen sie im ersten Quadranten des a^*-b^*-Koordinatensystems. Hier stehen kleinere Bunttonwinkel für rötlichere und größere Bunttonwinkel für gelblichere Farben. Der negative Bunttonbeitrag zeigt also an, dass die zweite Farbe etwas rötlicher ist. Die Bedeutung der Bunttonbeiträge bei anderen Bunttönen ist nebenstehend dargestellt. Greifen Sie bitte zur Veranschaulichung auch auf Bild 9/88 zurück.

Interpretation des Bunttonbeitrags ΔH^*

I. Quadrant	ΔH^* positiv	gelblicher
	ΔH^* negativ	rötlicher
II. Quadrant	ΔH^* positiv	grünlicher
	ΔH^* negativ	gelblicher
III. Quadrant	ΔH^* positiv	bläulicher
	ΔH^* negativ	grünlicher
IV. Quadrant	ΔH^* positiv	rötlicher
	ΔH^* negativ	bläulicher

Merke: ΔL^* ist der Helligkeitsbeitrag zum CIELAB-Farbabstand; ΔC^* ist der Buntheitsbeitrag, ΔH^* der Bunttonbeitrag. Die Beiträge können sowohl positiv als auch negativ sein.

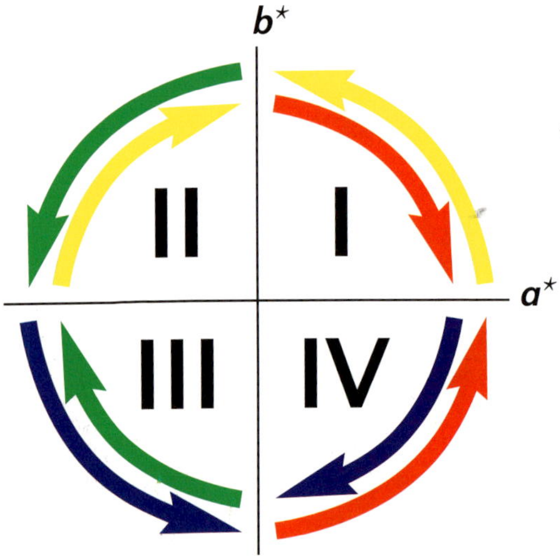

Bild 9/98. Quadranten des a^*-b^*-Koordinatensystems und Richtungen der Bunttonbeiträge – gegen den Uhrzeigersinn zeigende Pfeile stehen für positive Bunttonbeiträge, im Uhrzeigersinn zeigende Pfeile stehen für negative Bunttonbeiträge

Beim kritischen Umgang mit Farbabständen nach der ΔE^*-Formel wird ein Mangel des CIELAB-Systems erkennbar: Es ist empfindungsmäßig doch nicht ganz gleichabständig. Bei sehr bunten Farben wird der Farbabstand überbewertet. Zwei sehr bunte Farben mit $\Delta E^* = 1$ lassen sich allenfalls gerade noch visuell unterscheiden, bei $\Delta E^* = 0{,}5$ ist kein Unterschied mehr zu sehen. Bei nahezu unbunten Farben ist dagegen ein CIELAB-Farbabstand von 0,5 durchaus sichtbar, ein Farbabstand von 1 sogar recht deutlich. Aus diesem Grund wurde die CIE-1994-Formel entwickelt, mit deren Hilfe die Ungleichabständigkeit des CIELAB-Systems korrigiert werden soll. Mit der CIE-1994-Formel berechnete Farbabstände, Symbol ΔE^*_{94}, sind bei Farben mit hohen Buntheiten deutlich kleiner als ΔE^* nach der CIELAB-Farbabstandsformel. Bei Farben mit geringen Buntheiten sind ΔE^*_{94} und ΔE^* fast gleich.

Zusätzliche Informationen: Helligkeits- und Buntheitsbeitrag sind leicht auszurechnen: $\Delta L^* = L^*_2 - L^*_1$ $\quad \Delta C^* = C^*_2 - C^*_1$

Beim Bunttonbeitrag ist ein kleiner Umweg erforderlich:

$$(\Delta E^*)^2 = (\Delta L^*)^2 + (\Delta C^*)^2 + (\Delta H^*)^2$$

$$\Delta H^* = \pm\sqrt{(\Delta E^*)^2 - (\Delta L^*)^2 - (\Delta C^*)^2}$$

Bunttonbeitrag

Um das richtige Vorzeichen für ΔH^* zu finden, wird die Bunttonwinkeldifferenz $\Delta h = h_2 - h_1$ ausgerechnet. ΔH^* hat dasselbe Vorzeichen wie Δh.
Die CIE-1994-Formel lautet (in etwas vereinfachter Form):

$$\Delta E^*_{94} = \sqrt{(\Delta L^*)^2 + \left(\frac{\Delta C^*}{1 + 0{,}045 \cdot C^*}\right)^2 + \left(\frac{\Delta H^*}{1 + 0{,}015 \cdot C^*}\right)^2}$$

$$C^* = \sqrt{C^*_1 \cdot C^*_2}$$

7.8 Wiederholung, Lernerfolgskontrolle

1. Wie heißt das Messgerät, das beim farbmetrischen Spektralverfahren benutzt wird?

____

2. Nennen Sie bitte die Vorgaben nach ISO 13655 für die Messung und Berechnung von Farbwerten.

- Lichtart ______________
- Gesichtsfeld (Normalbeobachter) ______________
- Unterlage bei reflektierenden Proben ______________

3. Welche Symbole kennzeichnen die CIE-Normfarbwerte, welche die CIE-Normfarbwertanteile?

CIE-Normfarbwerte: ______________

CIE-Normfarbwertanteile: ______________

4. a) An welchem CIE-Normfarbwert lässt sich die Helligkeit einer Farbe erkennen? ______________
b) Welcher Farbwert steht im CIELAB-System für die Helligkeit? ______________

5. Welchen wesentlichen Vorteil hat das CIELAB-System gegenüber den CIE-Normfarbwerten und den CIE-Normfarbwertanteilen?

____

6. Was können Sie aus der Angabe entnehmen, zwei Farben seien farbmetrisch identisch?

____

____

____

7. Ergänzen Sie bitte die beiden folgenden Aussagen:
Wenn eine Farbe in der CIE-Normfarbtafel einen großen Abstand vom Unbunt hat, ist sie ... ______________
Wenn eine Farbe in der a^*-b^*-Ebene des CIELAB-Systems einen großen Abstand vom Unbunt hat, ist sie ... ______________

8. $X = 30$ $Y = 17$ $Z = 13$
Errechnen Sie bitte die CIE-Normfarbwertanteile.

____

____

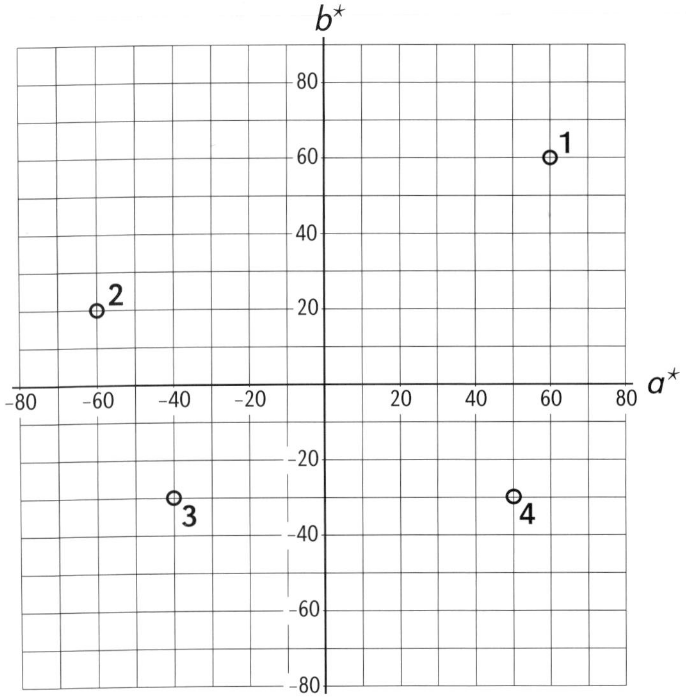

Bild 9/99. Zu Aufgabe 9

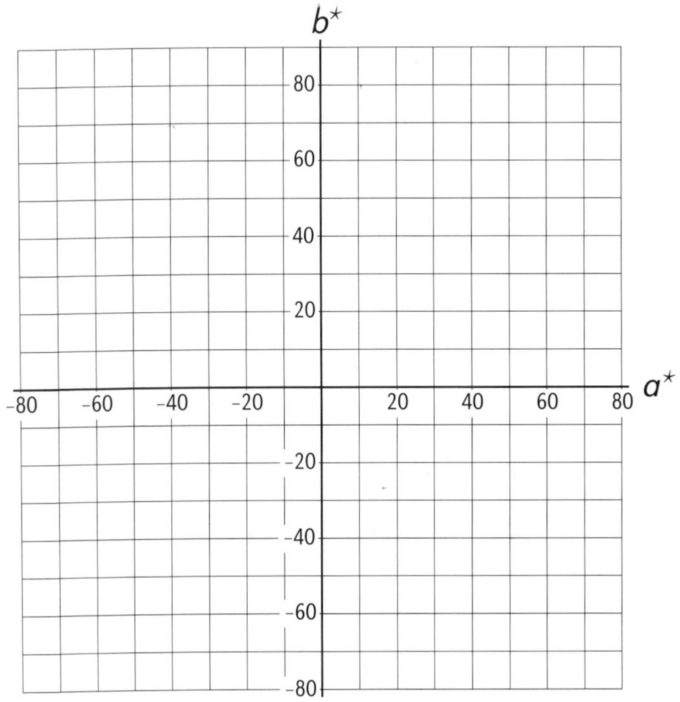

Bild 9/100. Zu Aufgabe 10

9. Zu jeder Farbe im nebenstehenden a^*-b^*-Koordinatensystem soll jeweils eine weitere eingezeichnet werden, die sich, wie folgt angegeben, von ihr unterscheidet:

Zu Farbe 1: etwas gelblicher, gleiche Buntheit
Zu Farbe 2: gleicher Buntton, etwas bunter
Zu Farbe 3: etwas grünlicher und etwas bunter
Zu Farbe 4: etwas rötlicher und etwas weniger bunt

10. Vier Farben haben die folgenden Farbwerte:

Farbe 1	$a^* = 10$	$b^* = 80$
Farbe 2	$a^* = -40$	$b^* = 70$
Farbe 3	$a^* = -50$	$b^* = -30$
Farbe 4	$a^* = 50$	$b^* = -40$

a) Zeichnen Sie bitte die Farben in das a^*-b^*-Koordinatensystem (Bild 9/100) ein.

b) Ermitteln Sie bitte die Buntheiten C^* der Farben. Sie können diese Aufgabe rechnerisch lösen oder zeichnerisch durch Zirkelschläge und Ablesen an den Achsen.

1 ____________________

2 ____________________

3 ____________________

4 ____________________

c) Benennen Sie bitte die Bunttöne der vier Farben.

1 ____________________

2 ____________________

3 ____________________

4 ____________________

d) Ermitteln Sie bitte die (ungefähren) Bunttonwinkel h mit Hilfe von Winkelmesser oder Geodreieck.

1 ____________________

2 ____________________

3 ____________________

4 ____________________

e) Zusatzaufgabe: Ermitteln Sie bitte die Bunttonwinkel rechnerisch.

1 ____________________

2 ____________________

3 ____________________

4 ____________________

11. Zwei Farben haben die CIELAB-Farbwerte
$L^* = 45$ $a^* = -48$ $b^* = 5$
$L^* = 47$ $a^* = -45$ $b^* = 1$
Berechnen Sie bitte den CIELAB-Farbabstand.

12. Zwei gelblich-grüne Farben haben den CIELAB-Farbabstand $\Delta E^* = 4{,}3$. Helligkeitsbeitrag $\Delta L^* = 1{,}2$; Buntheitsbeitrag $\Delta C^* = -3{,}5$; Bunttonbeitrag $\Delta H^* = 2{,}2$.

a) Wie bewerten Sie den Farbabstand?

b) Erläutern Sie bitte, wie sich die zweite Farbe in Helligkeit, Buntheit und Buntton von der ersten unterscheidet.

Helligkeit

Buntheit

Buntton

13. Erläutern Sie bitte kurz, warum es neben dem CIELAB-Farbabstand ΔE^* noch den - erheblich komplizierter zu berechnenden - CIE-1994-Farbabstand ΔE^*_{94} gibt.

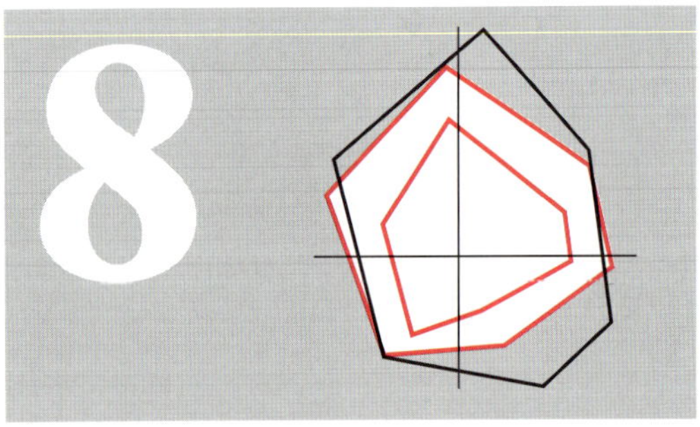

8 Farbmetrik – Anwendungen

Die Farbmetrik ermöglicht es, Farben objektiv und sehr genau zu kennzeichnen und miteinander zu vergleichen. Ihre praktischen Anwendungen gehen aber inzwischen weit über das bloße Kennzeichnen und Vergleichen von Farben hinaus. Farbmetrik ist ein wichtiges Instrument zur Standardisierung und Steuerung von Produktionsprozessen sowohl in der Drucktechnik als auch in der Medienvorstufe.

8.1 Drucktechnik

8.1.1 Standardisierung des Offsetdrucks

Druckergebnisse dürfen nicht dem Zufall überlassen sein. Beim Druck nach denselben Seitendaten und auf dem gleichen Papier soll das Ergebnis immer (nahezu) gleich ausfallen, unabhängig davon, in welcher Druckerei und auf welcher Offsetmaschine gedruckt wird und wer die Maschine bedient. Um das sicherzustellen, wird eine Standardisierung, eine eindeutige, umfassende und allgemein anerkannte Festlegung von Arbeitsrichtlinien und Kennwerten gebraucht.Die internationalen Normenreihen ISO 2846 und ISO 12 647 enthalten wesentliche Regeln für die Farbe in der Druck- und Reproduktionstechnik (ISO – International Organization for Standardization – Internationale Organisation für Normung).ISO 2 846 enthält Vorschriften für die Prüfung von Farbe und Transparenz der Skalendruckfarben (Prozessdruckfarben) im Farbprüflabor. Diese Norm wendet sich also im Wesentlichen an Betriebe, die Druckfarben herstellen.ISO 12 647 legt dagegen die Arbeitsrichtlinien und Kenngrößen für Reproduktions- und Druckprozesse fest. Der Offsetdruck ist in ISO 12647-2 geregelt. Vollständiger Titel der deutschen Fassung: DIN ISO 12647-2, Prozesskontrolle für die Herstellung von Raster-Farbauszügen, Andruck, Prüfdruck und Auflagendruck, Teil 2: Flachdruckverfahren.

Zentrale Parameter für den Druck sind die CIELAB-Farbwerte der Skalendruckfarben und der Sekundärfarben sowie die Tonwertzunahme. Beide Kenngrößen sind stark vom Bedruckstoff abhängig. Es ist natürlich völlig unmöglich, Soll-Werte für alle auf dem Markt befindlichen Papiersorten festzulegen. ISO 12647-2 definiert deshalb fünf typische Papiere. Die Übersichten links und auf der nächsten Seite zeigen die Papiertypen sowie die Tonwertzunahmen und CIELAB-Farbwerte für zwei dieser Papiere. Da es nicht möglich ist, diese Vorgaben absolut genau einzuhalten, sind außerdem Abweichungs- und Schwankungstoleranzen festgelegt.

Normgerechtes Drucken nach ISO 12647-2 erfordert den Einsatz von zwei Messtechniken: Farbmetrik zur Prüfung der Farben und Densitometrie für die Tonwertzunahme.

Merke: ISO 12647-2 ist die Prozessnorm für den Offsetdruck. Sie legt die CIELAB-Farbwerte der Skalendruckfarben und Sekundärfarben sowie die Tonwertzunahme für fünf Papiertypen fest.

Papiertypen nach ISO 12647-2

1	glänzend gestrichen, holzfrei
2	matt gestrichen, holzfrei
3	glänzend gestrichen, Rolle
4	ungestrichen Offset, weiß
5	ungestrichen Offset, gelblich

Tonwertzunahme nach ISO 12647-2 Akzidenzoffset, Buntfarben

	Papiertyp 1	Papiertyp 4
Positivplatten	17 %	23 %
Negativplatten	25 %	31 %

Tonwertzunahme im 50 %-Kontrollfeld, Rasterweite 60 cm^{-1}; Schwarz liegt 2 % bis 3 % höher

9/39 Vergleichen Sie bitte die CIELAB-Farbwerte der Skalendruckfarben für Papiertyp 1 und Papiertyp 4 miteinander. Welche wesentlichen Unterschiede gibt es bei den Helligkeiten und Buntheiten der Farben?

CIELAB-Farbwerte nach ISO 12647-2

	Papiertyp 1			Papiertyp 4		
	L^*	a^*	b^*	L^*	a^*	b^*
	18	0	−1	35	2	1
	54	−37	−50	62	−23	−39
	47	75	−6	53	56	−2
	88	−6	95	86	−4	68
	48	65	45	51	53	22
	49	−65	30	52	−38	17
	26	22	−45	38	12	−28

Zusätzliche Informationen: Die Prozessnorm ISO 12647-2 wurde 1996 veröffentlicht und 1998 unverändert als Deutsche Norm DIN ISO 12647-2 übernommen, ist also noch ziemlich neu. Standards für den Offsetdruck gibt es aber schon sehr viel länger. Bekannteste Beispiele sind der BVD-FOGRA-Standard (Bundesverband Druck und Forschungsgesellschaft Druck) und die US-amerikanischen SWOP (Specifications für Web Offset Publications – Spezifikationen für Rollenoffset-Publikationen), die bereits in den siebziger Jahren entwickelt und danach schrittweise der technischen Entwicklung angepasst wurden. Ein wesentlicher Vorteil der ISO-Norm ist die internationale Vereinheitlichung. Neu ist außerdem die farbmetrische Festlegung der Skalendruckfarben und Sekundärfarben durch CIELAB-Farbwerte. Der BVD-FOGRA-Standard benutzte stattdesssen gedruckte Muster, nach denen die Färbung visuell abgestimmt wurde. Inhaltlich stimmen ISO 12647-2 und BVD-FOGRA-Standard weitgehend überein, gegenüber den SWOP gibt es aber deutliche Unterschiede.
Vorgängerin der Druckfarbennorm ISO 2846 war die Norm DIN 16539 (1971), Europäische Farbenskala für den Offsetdruck (kurz Europa-Skala genannt). DIN 16539 enthielt Vorschriften für die labormäßige Prüfung der bunten Skalendruckfarben (Prozessdruckfarben) Cyan, Magenta und Yellow. Durch ISO 2846 wurde neben den bunten erstmals auch die schwarze Druckfarbe genormt.

8.1.2 Farbkontrolle und -steuerung

Neben der Densitometrie gewinnt die Farbmetrik als messtechnische Grundlage für die Farbkontrolle und -steuerung im Druck zunehmend an Bedeutung. Da ISO 12647-2 die gedruckten Skalenfarben durch CIELAB-Farbwerte beschreibt, ist es nur konsequent, die Einhaltung der richtigen Färbung im Fortdruck ebenfalls farbmetrisch – statt densitometrisch – zu kontrollieren.
Was sind die wesentlichen Unterschiede zwischen densitometrischer und farbmetrischer Kontrolle der Färbung? Densitometer messen das vom bedruckten Papier reflektierte Licht. Bei den Druckfarben Cyan, Magenta und Yellow befinden sich komplementärfarbige Filter vor den Sensoren des Messgeräts, bei der schwarzen Druckfarbe ein Graufilter. Der im Gerät eingebaute Rechner ermittelt die Dichten anhand der gemessenen Reflexionen. Eine höhere Dichte steht für eine geringere Reflexion, eine geringere Dichte für eine höhere Reflexion.

Dichte = lg (1 : Reflexionsgrad)

Reflexionsgrad = reflektiertes Licht : auffallendes Licht

Unter ansonsten gleichen Bedingungen hängt die gemessene Farbdichte im Wesentlichen von der Dicke der gedruckten Farbschicht ab – je dicker die Farbschicht, desto weniger Licht wird reflektiert

und desto höher ist die Dichte. Daraus ergeben sich unmittelbar die Konsequenzen für die Farbregelung: Ist die auf dem Fortdruckbogen gemessene Dichte höher als die entsprechende Dichte auf dem OK-Bogen (Abstimmbogen), muss die Färbung verringert werden. Wenn die Dichte unter der des OK-Bogens liegt, ist die Färbung zu erhöhen. Das kann manuell nach Erfahrungswerten geschehen oder durch ein rechnergestütztes Farbregelsystem.
Bei der Entscheidung, ob eine Abweichung vom OK-Bogen noch hinnehmbar oder bereits zu stark ist, hilft die Densitometrie aber kaum weiter. Abweichungen von der Dichte des OK-Bogens sagen wenig über die tatsächliche (sichtbare) Farbabweichung aus. Von einer Dichtedifferenz ΔD kann nicht ohne weiteres auf den Farbabstand ΔE^* geschlossen werden. Denn die Dichtedifferenz ist ein rein physikalischer Wert (mehr oder weniger reflektiertes Licht), während der Farbabstand den empfundenen Farbunterschied kennzeichnet. Und nur der entscheidet letzten Endes über die Qualität des Druckergebnisses.

9/40 Cyan hat auf dem OK-Bogen die CIELAB-Farbwerte $L^* = 54$ $a^* = -33$ $b^* = -48$. Auf einem Fortdruckbogen werden die Farbwerte $L^* = 52$ $a^* = -34$ $b^* = -49{,}5$ gemessen. Nach ISO 12647-2 beträgt die Schwankungstoleranz für Cyan $\Delta E^* = 2{,}5$. Liegt die Farbe noch innerhalb dieser Toleranz?

Bei der densitometrischen Kontrolle der Färbung werden die Volltonfelder der vier Druckfarben in der Druckkontrollleiste gemessen, die parallel zur Druckzylinderachse auf dem Bogen angebracht ist. An einzelnen Stellen des Druckbogens kann aber die Färbung deutlich von der Kontrollleiste abweichen. Richtige Farbdichten in der Kontrollleiste garantieren also nicht, dass die Färbung auf dem ganzen Bogen dem Soll-Wert entspricht. Dieses Problem lässt sich etwas mildern, indem mehrere Kontrollleisten gedruckt werden, soweit möglich nicht nur am Bogenrand, sondern auch zwischen den Seiten oder Nutzen. Wie sich Färbungsabweichungen auf die autotypisch gemischten Farben auf dem Druckbogen auswirken, ist aber densitometrisch nicht überprüfbar.
Mit Spektralfotometern kann jede beliebige Farbe an jeder Stelle des Bogens, also auch innerhalb von Bildern, gemessen werden. Erforderlich ist nur eine zeichnungsfreie, „glatte" Farbfläche von etwa 3 mm Durchmesser. Dabei können gezielt Farben ausgewählt werden, die besonders kritisch auf Färbungsabweichungen reagieren, z. B. Hautfarben. Oder Farben, die für den Zweck der Drucksache besonders wichtig sind, wie z. B. die Farben der beworbenen Produkte in einem Katalog.
Dabei muss natürlich sichergestellt sein, dass immer genau dieselbe Farbfläche gemessen wird. Mit Handmessgeräten ist das praktisch unmöglich. Deshalb wird ein Messtisch benutzt, auf dem das Spektralfotometer mechanisch und rechnergesteuert in die zuvor festgelegten Messpositionen auf dem Bogen gefahren wird.

Merke: Bei der densitometrischen Färbungskontrolle wird die Dichteabweichung vom OK-Bogen ermittelt, bei der farbmetrischen Kontrolle dagegen der empfindungsmäßige Farbabstand. Die Farbdichte wird in den Volltonfeldern der Druckkontrollleiste gemessen. Bei der farbmetrischen Kontrolle kann jede Mischfarbe an jeder Stelle des Bogens gemessen werden.

8.2 Color-Management

8.2.1 Einführung

Von der Vorlage bis zum fertigen Druck durchläuft ein Bild mehrere Produktionsschritte mit unterschiedlichen Verfahren der Farberzeugung und -kennzeichnung. Die Körperfarben eines fotografischen Diapositivs oder Papierbilds entstehen durch subtraktive Mischung aus Cyan, Magenta und Yellow. Ein Scanner macht daraus RGB-Daten, die für den Offsetdruck in CMYK-Daten umgewandelt werden. CMYK-Daten werden ebenfalls gebraucht, um Farbprüfdrucke (Proofs) mit digitalen Druckern (Proofrecordern) herzustellen. Während der Bildbearbeitung wird das Bild auf dem Monitor angezeigt - hier geht es wieder um RGB-Daten. Ein Bild durchläuft also mehrere Farbräume, seine Daten werden mehrfach transformiert (umgewandelt).

Die verschiedenen Erfassungs- und Ausgabeprozesse arbeiten mit unterschiedlichen Farbmischungsverfahren (additiv, subtraktiv, autotypisch) und entsprechend unterschiedlichen Primärfarben. In Kapitel 5 wurde bereits ausführlich erläutert, dass die Umwandlung der vom Scanner erfassten RGB-Daten in CMYK-Daten für den Druck keine einfache Umrechnung ist. Die Unvollkommenheiten der Druckfarben und die Tonwertzunahme im Druck machen umfangreiche Korrekturen erforderlich (vgl. Abschnitt 5.2). Der Druck auf Bilderdruckpapier erfordert andere Korrekturstärken als der Druck auf Naturpapier, die Ausgabe mit einem Tintenstrahldrucker andere als der Offsetdruck usw.

Alle technisch erzeugten Primärfarben sind unvollkommen - Art und Ausmaß dieser Unvollkommenheiten sind aber je nach technischem Verfahren durchaus unterschiedlich. Auf einem fotografischen Dia können deshalb sehr bunte Farben vorkommen, die weder im vierfarbigen Druck noch auf einem Monitor möglich sind. Die Primärfarben von Monitoren sind bunter als die entsprechenden Sekundärfarben Rot, Grün und Blau eines Dias oder eines Drucks mit Skalendruckfarben. Beim Offsetdruck spielt der Bedruckstoff eine wichtige Rolle: Auf glänzend gestrichenem Papier sind sehr viel mehr und sehr viel buntere Farben möglich als auf weißem oder gar gelblichem Naturpapier. Die Menge aller Farben, die mit einem bestimmten Medium erzeugt werden kann, wird Farbumfang genannt. Das nebenstehende Bild zeigt zweidimensionale Darstellungen der Farbumfänge eines Dias, eines Monitors und des Offsetdrucks (ISO 12647-2) im a^*-b^*-Koordinatensystem.

Merke: Der Farbumfang ist die Menge aller Farben, die mit einem Medium erzeugt werden kann. Unterschiedliche Medien (Dia, Monitor, Offsetdruck usw.) haben unterschiedliche Farbumfänge.

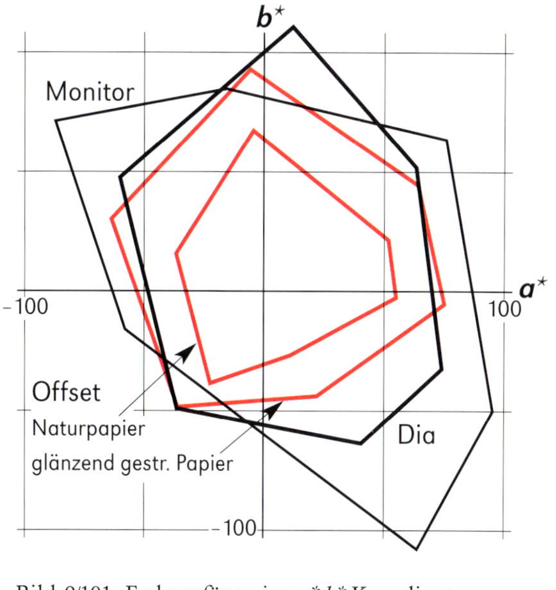

Bild 9/101. Farbumfänge im a^*-b^*-Koordinatensystem: Dia, Monitor, Offsetdruck, glänzend gestrichenes Papier, Offsetdruck, weißes Naturpapier. Die Farbumfänge sind hier und im Folgenden aus praktischen Gründen nur zweidimensional, also in der a^*-b^*-Ebene des CIELAB-Koordinatensystems, dargestellt. Sie unterscheiden sich aber auch in der dritten Dimension, also bei der Helligkeit L^*. So ist z. B. das dunkelste Schwarz eines fotografischen Dias erheblich dunkler als das dunkelste Schwarz im Offsetdruck.

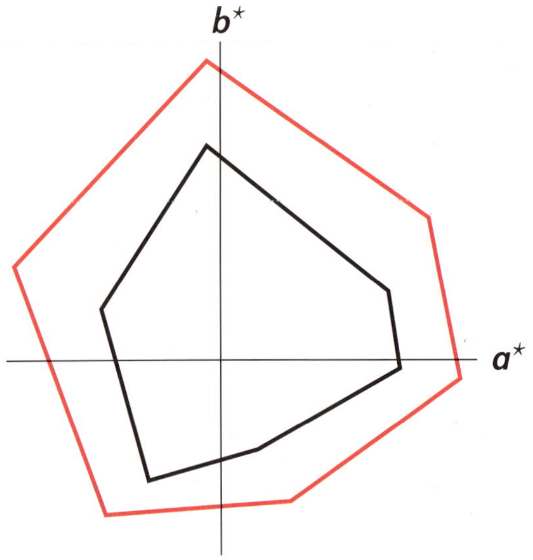

Bild 9/102. Farbumfänge im a^*-b^*-Koordinatensystem: Offsetdruck, glänzend gestrichenes Papier (rote Kontur), Offsetdruck, weißes, ungestrichenes Papier (schwarze Kontur)

9/41 Das nebenstehende Bild zeigt noch einmal die Farbumfänge des Offsetdrucks auf glänzend gestrichenem Papier und auf weißem Naturpapier. Kennzeichnen Sie bitte die Menge der Farben, die zwar auf glänzend gestrichenem Papier möglich sind, aber nicht auf Naturpapier, indem Sie die entsprechende Fläche schraffieren.

Jedes Medium hat also typische, technisch bedingte Eigenarten und Beschränkungen der Farbdarstellung, die bei den Farbraumtransformationen berücksichtigt werden müssen. An die Ergebnisse der Farbraumtranformationen sind diese Anforderungen zu stellen:
- Der Auflagendruck soll der Vorlage so ähnlich wie möglich sein (oder alternativ der Bildbearbeitung entsprechend davon abweichen).
- Der digitale Prüfdruck (Proof) soll dem späteren Auflagendruck so ähnlich wie möglich sein.
- Das während der Bildbearbeitung am Monitor angezeigte Bild soll dem späteren Auflagendruck so ähnlich wie möglich sein.

Color-Management-Systeme sollen die Farbraum-Transformationen so steuern, dass die geforderten Ergebnisse ohne zusätzliche korrigierende Eingriffe erreicht werden. In den oben aufgezählten Anforderungen wurde bewusst die Formulierung „so ähnlich wie möglich" benutzt. Denn eine absolute Gleichheit ist normalerweise gar nicht möglich. Das ist kein Fehler der Color-Management-Systeme, sondern liegt an den Ausgabeprozessen.

8.2.2 Profile

Um die Eigenarten und Beschränkungen der Erfassungs- und Ausgabeprozesse in den Griff zu bekommen, müssen sie untersucht, beschrieben und als Dateien aufgezeichnet werden. Dieser Vorgang wird Charakterisierung oder Profilierung genannt, sein Ergebnis, also die erzeugte Datei, heißt Profil.
Die Anwendbarkeit von Profilen in unterschiedlichen Programmen und auf unterschiedlichen Plattformen wird durch eine Spezifikation (Auflistung der Eigenschaften) von Dateiformat und -inhalt gewährleistet. Diese Spezifikation wurde vom International Color Consortium (ICC) entwickelt, einer Arbeitsgemeinschaft von inzwischen rund 70 Hard- und Softwareherstellern.
Profile sind das Kernstück des Color-Managements. Scanner, Digitalkameras, Druckverfahren, digitale Proofgeräte und Monitore werden profiliert. Profile beschreiben Ist-Zustände: Sie charakterisieren die Farbwiedergabeeigenschaften und Farbumfänge der Erfassungs- und Ausgabeprozesse. Das Profil eines Scanners beschreibt, wie die Farben der Vorlage in RGB-Bilddaten umgesetzt werden. Ein Druck- oder Proofprofil beschreibt die Umsetzung von CMYK-Daten in gedruckte Farben, ein Monitorprofil die Umsetzung von RGB-Daten in Farben auf dem Monitor.

Merke: Profile charakterisieren Farbwiedergabeeigenschaften und Farbumfänge von Ein- und Ausgeabeprozessen. Sie beschreiben immer den Ist-Zustand.

– Scannerprofil: Zur Erzeugung eines Scannerprofils wird eine Testvorlage (Dia oder Aufsichtsvorlage) mit zahlreichen Farbfeldern benutzt. Die XYZ- oder CIELAB-Farbwerte der Vorlage werden normalerweise vom Hersteller als Datensatz auf Diskette mitgeliefert. Sie können aber auch mit einem Transmissions-Spektralfotometer gemessen werden. Eine Profilerzeugungs-Software setzt die XYZ- oder CIELAB-Farbwerte der einzelnen Farbfelder in Beziehung zu den vom Scanner ermittelten RGB-Farben und errechnet das Profil. Für unterschiedliche Scanner werden natürlich entsprechend unterschiedliche Profile gebraucht, denn jeder Scanner hat bestimmte Eigenarten, die ihn von anderen Scannern, sogar derselben Baureihe, unterscheiden.

– Druckprofil: Ein Testbild (Test-Chart) wird unter Auflagenbedingungen gedruckt. Die Farben des gedruckten Testbilds werden mit einem Spektralfotometer gemessen und mittels Kabel und Interface zum Rechner übertragen. Dort wird das Profil errechnet, indem die CMYK-Daten des Testbildes und die gemessenen Farbwerte in Beziehung gesetzt werden.

Je nach Druckverfahren und Bedruckstoff ergeben gleiche CMYK-Werte natürlich unterschiedliche Farben. Es ist zwar praktisch unmöglich, spezielle Profile für jede denkbare Kombination von Druckverfahren und Bedruckstoff herzustellen. Für den Offsetdruck sollten aber mindestens fünf unterschiedliche Profile für die fünf Papiertypen nach ISO 12647-2 (vgl. Abschnitt 8.1.1) erzeugt werden; für andere Druckverfahren (Tief-, Flexo-, Sieb-, Digitaldruck) und Bedruckstoffe (z. B. Zeitungspapiere, Kunststofffolien) kommen gegebenenfalls noch weitere Profile hinzu.

CMYK-Druckprofile enthalten außerdem die Kenngrößen für den Farbaufbau: Beim Buntaufbau die UCR-Stärke (maximale Flächendeckungssumme), beim (anteiligen) Unbuntaufbau die GCR-Stärke und die Buntfarbenzugabe (UCA) (vgl. Abschnitt 5.2.6 und 5.2.7). Für dasselbe Druckverfahren und denselben Papiertyp werden je nach Farbaufbau unterschiedliche Profile gebraucht.

– Proofprofil: Obwohl auch Proofrecorder vierfarbig drucken und mit CMYK-Daten angesteuert werden, können nicht einfach die Druckprofile übernommen werden. Denn weder die Druckfarben noch die normalerweise verwendeten Bedruckstoffe sind identisch mit dem Auflagendruck im Offset-Verfahren. Vorgehensweise wie beim Druckprofil: Das Testbild wird vom Proofrecorder ausgedruckt und mit dem Spektralfotometer durchgemessen. Aus den gemessenen Farbwerten und den CMYK-Daten des Testbildes errechnet die Profilerzeugungs-Software das Proofprofil.

– Monitorprofil: Das Messgerät – Spektralfotometer für Emissionsmessungen oder Dreibereichs-Fotometer (Monitor-Colorimeter) – wird mit Saugnäpfen auf der Mitte des Monitors befestigt. Die Profilerzeugungs-Software zeigt dort nacheinander verschiedene Farben an. Die gemessenen Farbwerte werden zu den RGB-Daten der angezeigten Farben in Beziehung gesetzt und zum Monitorprofil verrechnet. Nach der Profilierung dürfen keine Veränderungen an den Monitor-Einstellungen (Helligkeit, Kontrast, Farbbalance) vorgenommen werden – sonst stimmt das Profil nicht mehr. Ein Monitor-Profil charakterisiert einen Monitor mit den Einstellungen zum Zeitpunkt der Profilierung. Änderungen an diesen Einstellungen machen eine erneute Profilierung erforderlich.

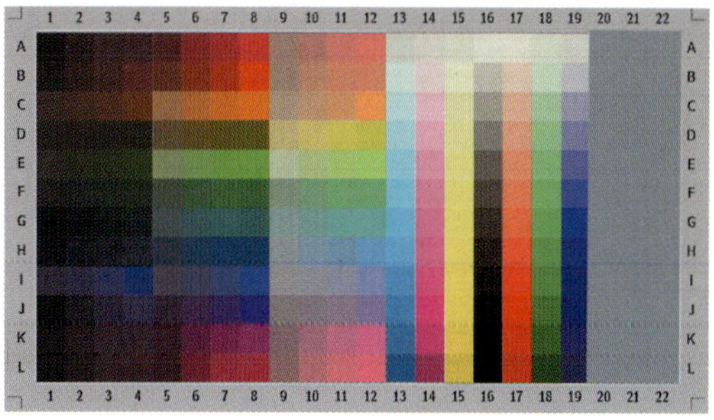

Bild 9/103. Testvorlage nach ISO 12641 zur Charakterisierung von Scannern – die Farben in den Spalten 20 bis 22 (graue Fläche rechts in der Testvorlage) sind nicht genormt, sondern werden von den Herstellern der Testvorlagen frei definiert.

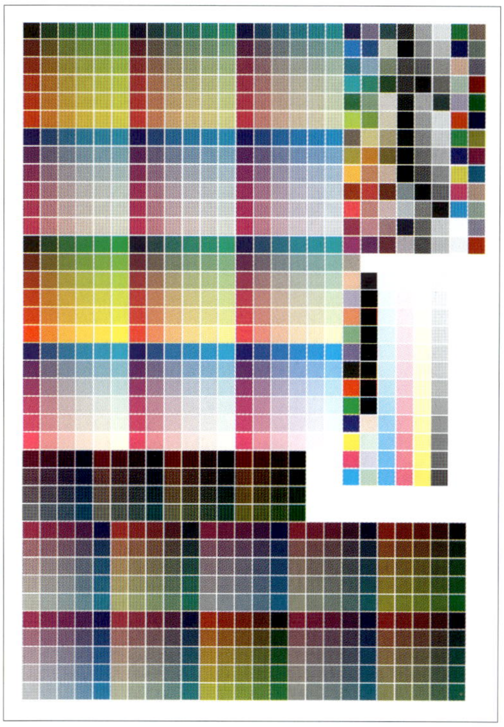

Bild 9/104. Testbild nach ISO 12642 zur Charakterisierung des Drucks

Die Beispiele zeigen, dass Profile immer zwei grundsätzlich unterschiedliche Beschreibungen derselben Farben zueinander in Beziehung setzen: eine prozessabhängige Beschreibung, also RGB oder CMYK, und eine prozessneutrale Beschreibung durch farbmetrische Daten. Nach der ICC-Spezifikation können das entweder CIELAB-Farbwerte oder CIE-Normfarbwerte (CIE-XYZ) sein.
RGB- und CMYK-Daten sind prozessabhängig, also an einen Erfassungs- oder Ausgabeprozess gebunden. Wenn CMYK-Daten mit einem Tintenstrahldrucker ausgegeben werden, ergeben sich andere Farben als im Offsetdruck. Wenn die mit einem Scanner erfassten RGB-Daten unbearbeitet auf einem Monitor ausgegeben werden, zeigt er andere Farben als die erfasste Vorlage. CIELAB- und CIE-XYZ-Daten sind prozessneutral – sie kennzeichnen Farben unabhängig von der Art ihrer technischen Erzeugung.
Profile enthalten die Informationen, die zur Transformation von Bilddaten aus einem prozessabhängigen Farbraum (CMYK, RGB) in einen prozessneutralen (CIELAB, CIE-XYZ) gebraucht werden. Das funktioniert auch in umgekehrter Richtung: Die im Profil enthaltenen Informationen dienen auch zur Umwandlung prozessneutraler Daten in prozessabhängige.

Merke: Profile enthalten die Informationen, die zur Umwandlung aus einem prozessabhängigen in einen prozessneutralen Farbraum gebraucht werden – und umgekehrt. CMYK- und RGB-Daten sind prozessabhängig, CIELAB- und CIE-XYZ-Daten sind prozessneutral.

8.2.3 Farbraum-Transformationen

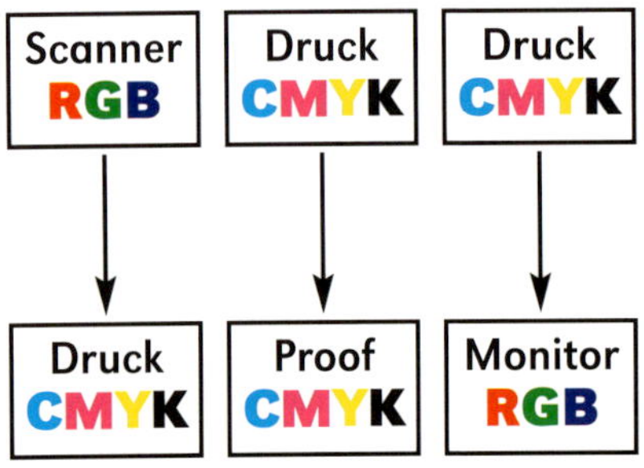

Bild 9/105. Farbraum-Transformationen

Auf dem Weg von der Vorlage bis zum Druck werden Bilddaten mehrfach aus prozessabhängigen Farbräumen in andere transformiert (umgewandelt), zum Beispiel:
- vom RGB-Farbraum des Scanners (oder der Digitalkamera) in den CMYK-Farbraum des Auflagendrucks
- vom CMYK-Farbraum des Auflagendrucks in den CMYK-Farbraum des Proofrecorders
- vom CMYK-Farbraum des Auflagendrucks in den RGB-Farbraum des Monitors

Das Programm, das diese Umrechnungen vornimmt, heißt Color Matching Module (Farbanpassungs-Baustein), abgekürzt CMM. Die Informationen, wie umgerechnet werden soll, sind im Wesentlichen in den Profilen enthalten. Das CMM ist eine „Rechenmaschine", die ihre Rechenanweisungen von den Profilen bekommt. Die Qualität der Farbraumtransformationen hängt deshalb in erster Linie von der Qualität der Profile ab.
Zur Transformation aus einem prozessabhängigen Farbraum in einen anderen werden zwei Profile gebraucht: Das Profil des Quellfarbraums und das Profil des Zielfarbraums. Die Transformation läuft in zwei Schritten ab. Das CMM rechnet die Quelldaten anhand der Informationen im Quellprofil (Source Profile) zunächst in einen prozessneutralen Farbraum (CIELAB oder CIE-XYZ) um. Aus dem prozessneutralen Farbraum werden dann die Daten anhand der Informationen im Zielprofil (Destination Profile) in den Zielfarbraum umgerechnet. Der prozessneutrale Zwischenfarbraum

wird Profile Connection Space (Profil-Verbindungsfarbraum) genannt, abgekürzt PCS.

Merke: Zur Farbraum-Transformation werden immer zwei Profile gebraucht: das Profil des Quellfarbraums (Quellprofil, Source Profile) und das Profil des Zielfarbraums (Zielprofil, Destination Profile). Die Qualität der Farbraum-Transformation hängt vor allem von der Qualität der Profile ab.

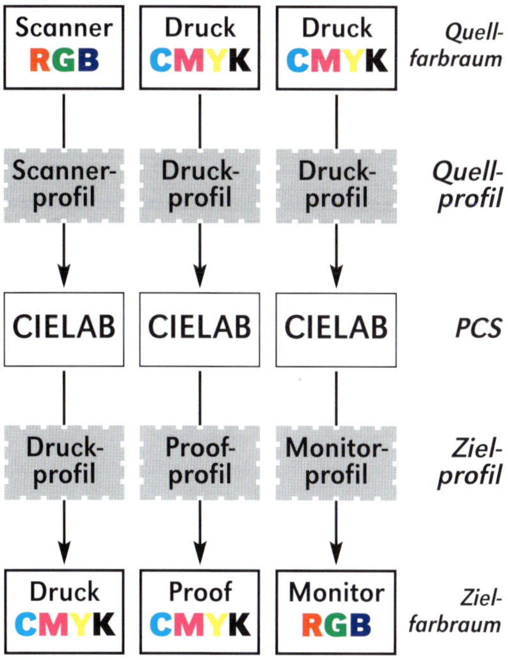

Bild 9/106. Farbraum-Transformationen mit Quell- und Zielprofilen und Profile Connection Space

Eine Farbraum-Transformation ist keine einfache Umrechnung aus einem Datenformat in ein anderes. Wenn Bilddaten z. B. in einen CMYK-Farbraum transformiert werden, ist alles zu berücksichtigen, was in Abschnitt 5.2 behandelt wurde: Basis- und Graubalancekorrektur, Schwarzauszug und Unterfarbenentfernung oder Unbuntaufbau und Buntfarbenergänzung. Die dazu erforderlichen Informationen sind im CMYK-Profil enthalten.

Hinzu kommt, dass Quell- und Zielfarbraum in aller Regel unterschiedliche Farbumfänge haben – der Quellfarbraum enthält Farben, die es im Zielfarbraum nicht gibt (oder umgekehrt). Der Farbumfang eines gescannten Dias enthält sehr bunte Farben, die im vierfarbigen Ofsetdruck nicht erzeugt werden können (vgl. nochmals Bild 9/101). Es stellt sich also die Frage, wie der größere Farbumfang in den kleineren überführt wird und was dabei mit den im Zielfarbraum nicht vorhandenen Farben geschieht. Die Umsetzung eines Farbumfangs in einen anderen heißt Gamut Mapping (etwa: Farbumfangs-Anpassung); die Art und Weise dieser Umsetzung wird durch Rendering Intents (etwa: Wiedergabe-Absichten) bestimmt.

Die zwei wichtigsten Rendering Intents der ICC-Spezifikation:
- absolute colorimetric (absolut farbmetrisch)
- perceptual (perzeptiv, wahrnehmungsmäßig) oder photographic (fotografisch)

Beim absolut farbmetrischen Rendering Intent werden die Farben des Quellfarbraums in farbmetrisch identische Farben des Zielfarbraums umgesetzt. Das ist völlig unproblematisch, wenn die Farbumfänge im Quell- und Zielfarbraum deckungsgleich sind oder der Zielfarbraum einen größeren Farbumfang hat. Wenn dagegen der Farbumfang des Quellfarbraums größer ist, gibt es für Farben mit hoher Buntheit keine Entsprechung im Zielfarbraum. Eine farbmetrisch identische Umsetzung dieser Farben ist nicht möglich. Ihre Buntheiten werden bei der Umwandlung reduziert; sie erhalten die höchsten Buntheiten, die im Zielfarbraum möglich sind.

Der perceptual Rendering Intent verändert dagegen die Buntheiten aller Farben, der Farbumfang wird komprimiert, „zusammengedrückt". Die buntesten Farben des Quellfarbraums werden in jeweils bunttongleiche Farben mit den höchsten Buntheiten umgewandelt, die im Zielfarbraum möglich sind. Die Buntheiten aller anderen Farben verringern sich anteilig mit. Farben, die im Quellfarbraum unterschiedliche Buntheiten haben, sind also auch nach der Transformation in den Zielfarbraum noch unterschiedlich bunt.

Merke: Rendering Intents bestimmen die Art der Farbraum-Transformationen. Die zwei wichtigsten sind der absolut farbmetrische (absolute colorimetric) und der wahrnehmungsmäßige (perceptual) Rendering Intent.

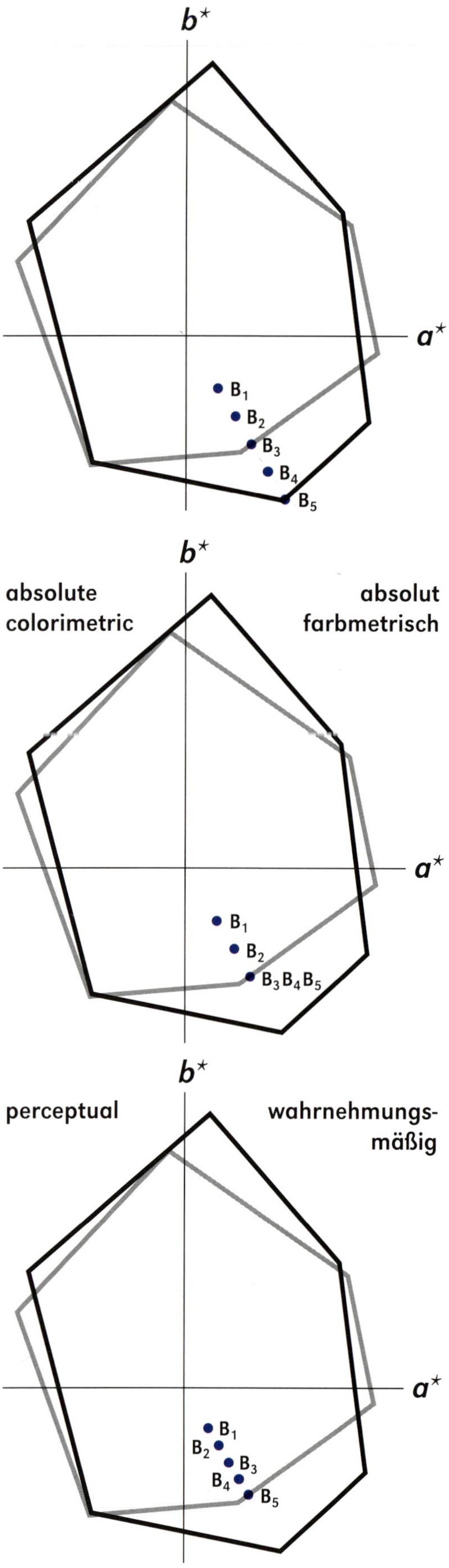

Bild 9/107. Farbraum-Transformation mit absolut farbmetrischem und perceptual Rendering Intent

Bild 9/107 veranschaulicht, wie einige bunttongleiche blaue Farben aus einem größeren Farbumfang in einen kleineren umgesetzt werden können. Die Farben B_1, B_2 und B_3 sind in beiden Farbumfängen enthalten, B_4 und B_5 dagegen nur im größeren, nicht aber im kleineren Farbumfang.
Beim absolut farbmetrischen Rendering Intent (Bild 9/107, Mitte) werden B_1, B_2 und B_3 farbmetrisch identisch übernommen. Die Farben B_4 und B_5 werden dagegen in Richtung Unbunt verschoben und liegen nach der Umwandlung auf dem Rand des kleineren Farbumfangs. Die Farben B_3, B_4 und B_5, die ursprünglich deutliche Buntheitsunterschiede hatten, haben nach der Farbraumtransformation gleiche Buntheiten.
Beim perceptual Rendering Intent (Bild 9/107, unten) sind alle Farben, die vor der Transformation unterschiedliche Buntheiten hatte, auch danach noch unterschiedlich bunt. Die Buntheitsunterschiede haben sich allerdings verringert und alle Farben sind weniger bunt als vorher.

9/42 Bild 9/108 (gegenüberliegende Seite) zeigt einen größeren Quell- und einen kleineren Zielfarbumfang. Kreuzen Sie bitte bei den vier Farben des Quellfarbraum jeweils an, ob sie gleich bunt bleiben oder weniger bunt werden, wenn der Farbraum absolut farbmetrisch (absolute colorimetric) bzw. wahrnehmungsmäßig (perceptual) transformiert wird.

	absolute colorimetric		perceptual	
	gleich bunt	weniger bunt	gleich bunt	weniger bunt
Farbe 1	☐	☐	☐	☐
Farbe 2	☐	☐	☐	☐
Farbe 3	☐	☐	☐	☐
Farbe 4	☐	☐	☐	☐

Bei der Transformation vom RGB-Farbraum einer mit dem Scanner erfassten Vorlage in einen CMYK-Farbraum kommt normalerweise nur der perceptual Rendering Intent in Frage. Die Buntheitsunterschiede innerhalb des Bildes werden zwar verringert, bleiben aber erhalten. Im Vergleich zur Vorlage sind alle Farben des gedruckten Bilds etwas weniger bunt; in sich ist das Bild aber schlüssig, es „sieht richtig aus".
Bei der Transformation aus dem CMYK-Farbraum des Offsetdrucks in den CMYK-Farbraum eines Proofrecorders muss dagegen der absolut farbmetrische Rendering Intent benutzt werden. Der Farbprüfdruck ist ja eine Prognose für den späteren Auflagendruck, soll ihm also so ähnlich wie möglich sein. Das setzt natürlich voraus, dass der Farbumfang des Proofrecorders den Farbumfang des Auflagendrucks vollständig einschließt.
Auch das vom Monitor angezeigte Bild soll dem späteren Auflagendruck möglichst ähnlich sein. Deshalb wird der CMYK-Farbraum des Drucks ebenfalls mit einem farbmetrischen Rendering Intent in den RGB-Farbraum des Monitors transformiert. Der Monitor-Farbumfang schließt den Farbumfang des Offsetdrucks auf ungestri-

chenem Papier praktisch vollständig ein. Beim Offsetdruck auf gestrichenem Papier sind zwar einige sehr bunte Farben, insbesondere Cyan und Yellow, möglich, die nicht im Farbumfang üblicher Monitore enthalten sind. Durch die Transformation mit farbmetrischem Rendering Intent können also Buntheitsabstufungen verloren gehen. Die Alternative, ein perceptual Rendering Intent, wäre dennoch erheblich ungünstiger. Denn dabei würde der Farbumfang des Drucks auf den Farbumfang des Monitors ausgedehnt – mit der Folge, dass viele Farben, insbesondere Grün und Blau, viel bunter als im Druck angezeigt würden.

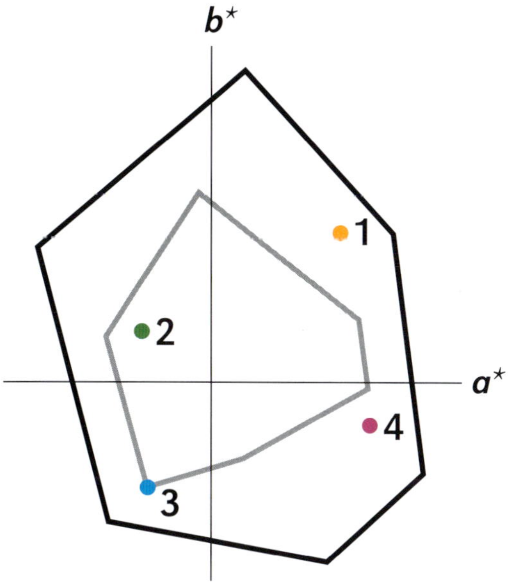

Bild 9/108. Zu Aufgabe 9/42

Zusätzliche Informationen: Die ICC-Spezifikation enthält noch zwei weitere, in der Praxis allerdings weniger wichtige Rendering Intents.
- Relative colorimetric (relativ farbmetrisch): Der Weißpunkt des Quellfarbraums wird auf den Weißpunkt des Zielfarbraums verschoben; dadurch verschieben sich alle anderen Farben um denselben Betrag in dieselbe Richtung.
- Saturation: Die Farben des Quellfarbraums werden so in den Zielfarbraum übertragen, dass ihre Sättigung soweit wie möglich erhalten bleibt.

Die Darstellung in den vorangegangenen Abschnitten ist nur ein kurzer Überblick zur grundsätzlichen Funktionsweise des Color-Managements nach der ICC-Spezifikation. Zahlreiche Detailfragen und weitergehende Möglichkeiten des Color-Managements wurden weggelassen, weil sie den Rahmen dieses Buchs gesprengt hätten.

8.3 Wiederholung, Lernerfolgskontrolle

1. Warum sind die CIELAB-Farbwerte der Druckfarben und die Tonwertzunahme in ISO 12647-2 für fünf unterschiedliche Papiertypen angegeben? Wäre es nicht erheblich einfacher und praktischer, sich auf einen Standard-Papiertyp zu beschränken?

2. Erläutern Sie bitte kurz den wesentlichen Unterschied zwischen densitometrischer und farbmetrischer Kontrolle der Färbung im Offsetdruck.

3. Bild 9/109 zeigt die Farbumfänge eines Diapositivs und des Offsetdrucks auf glänzend gestrichenem Papier. Kennzeichnen Sie bitte durch unterschiedliche Schraffuren der entsprechenden Flächen,
- welche Farben des Dias nicht im Offsetdrucks möglich sind,
- welche Farben zwar im Offsetdruck möglich, aber auf dem Dia nicht vorhanden sind.

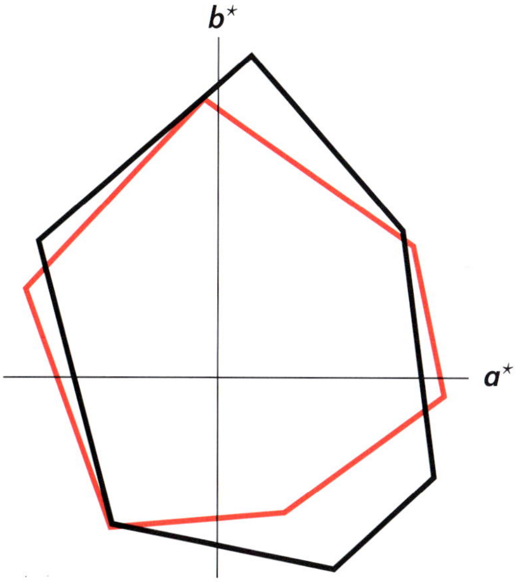

Bild 9/109. Farbumfänge: Diapositiv (schwarze Kontur), Offsetdruck, glänzend gestrichenes Papier (rote Kontur)

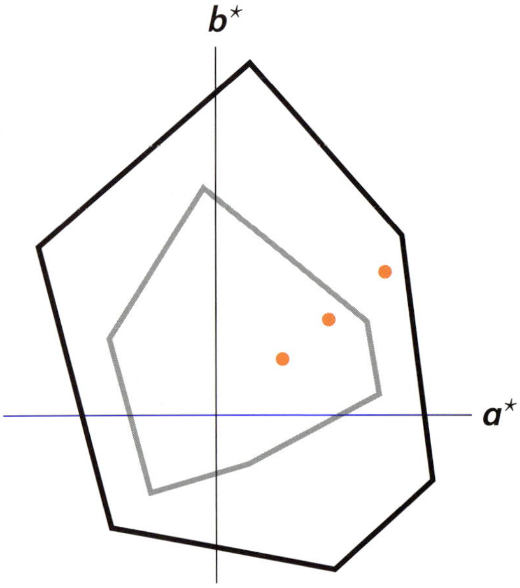

Bild 9/110. Zu Aufgabe 7: Farbraum-Transformation mit absolut farbmetrischem Rendering Intent

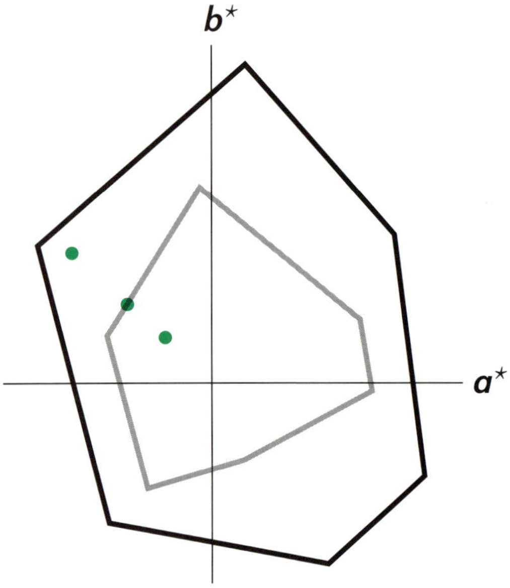

Bild 9/111. Zu Aufgabe 7: Farbraum-Transformation mit perceptual Rendering Intent

4. Was sind Profile? Welche Informationen enthalten sie und wozu werden sie beim Color-Management gebraucht?

5. Warum werden beim Color-Management nach der ICC-Spezifikation immer zwei Profile zur Farbraum-Transformation gebraucht? Welche Rolle spielt dabei der Profile Connection Space (PCS)?

6. Welche Bedeutung haben die Rendering Intents bei der Farbraum-Transformation?

7. Zeigen Sie bitte anhand der nebenstehenden Abbildungen, wie die eingezeichneten Farben des Quellfarbraums in den kleineren Farbumfang des Zielfarbraums transformiert werden. Im oberen Bild soll der absolut farbmetrische, im unteren der wahrnehmungsmäßige (perceptual) Rendering Intent benutzt werden.

9 Druckfarben

In diesem Kapitel geht es um Offset-Druckfarben. Sie können vier Hauptbestandteile enthalten: Farbmittel, Bindemittel, Lösemittel und Zusatzstoffe (Additive). Farbmittel bestimmen die coloristischen (färbenden, farbgebenden) Eigenschaften von Druckfarben. Binde- und Lösemittel sowie Zusatzstoffe bestimmen Art und Geschwindigkeit der Trocknung und die Konsistenz. Ein weiterer Schwerpunkt dieses Kapitels sind die Echtheitseigenschaften von Druckfarben.

9.1 Farbmittel

Die coloristischen (farbgebenden, färbenden) Eigenschaften von Druckfarben werden im Wesentlichen durch die enthaltenen Farbmittel bestimmt. Von Art und Konzentration der Farbmittel hängen Buntton, Buntheit und Helligkeit ab.
Farbmittel ist der Oberbegriff für zwei Arten färbender Substanzen: Farbstoffe und Pigmente. Farbstoffe sind im Anwendungsmedium (z. B. Wasser, Alkohol) gelöst. Pigmente sind unlösliche, meist pulverförmige Stoffe, die fein im Bindemittel der Druckfarbe verteilt (dispergiert) sind. Farbstoff und Lösemittel bilden also eine Lösung, Pigment und Bindemittel eine Dispersion.
Bei der Herstellung von Offset-Druckfarben werden ausschließlich Pigmente verwendet. Der Pigmentanteil beträgt zwischen 10 % und 30 %. Druckfarben für Tintenstrahldrucker enthalten dagegen oft Farbstoffe – es gibt aber auch pigmentierte Tintenstrahl-Druckfarben. Pigmente sind durchweg lichtechter als Farbstoffe, bleichen also nicht so schnell aus.

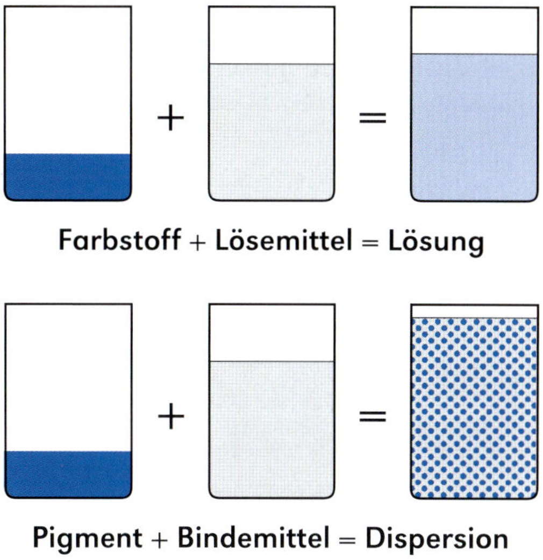

Bild 9/112. Farbstoff und Lösemittel bilden eine Lösung, Pigment und Bindemittel eine Dispersion.

Merke: Pigmente sind unlösliche Farbmittel, die im Bindemittel der Druckfarbe dispergiert (fein verteilt) sind. Farbstoffe sind lösliche Farbmittel.

Je nach chemischem Aufbau wird zwischen organischen und anorganischen Farbmitteln unterschieden. In der organischen Chemie geht es um – zum Teil sehr komplizierte – Verbindungen des Kohlenstoffs, chemisches Zeichen C. Das ist das größte Teilgebiet der Chemie; es gibt mehr als sieben Millionen organische Verbindungen. Die anorganische Chemie umfasst alle chemischen Elemente, alle Verbindungen, die keinen Kohlenstoff enthalten, und einfache Kohlenstoffverbindungen wie z. B. Kohlendioxid (CO_2).

Merke: Organische Chemie: Verbindungen des Kohlenstoffs.
Anorganische Chemie: Chemische Elemente, Verbindungen ohne Kohlenstoff, einfache Kohlenstoffverbindungen.

Farbmittel können ferner danach unterschieden werden, ob sie unmittelbar aus der Natur, z. B. aus Pflanzen, gewonnen oder künstlich (synthetisch) hergestellt werden. Bei der Herstellung von Druckfarben werden synthetische Pigmente verwendet; natürliche Pigmente spielen heute keine Rolle mehr.

CIELAB-Farbwerte der schwarzen Skalendruckfarbe nach ISO 12647-2

Papiertyp	L^*	a^*	b^*
1 glänzend gestrichen	18	0	–1
2 matt gestrichen	18	1	1
3 glänzend gestr. Rolle	20	0	0
4 ungestrichen, weiß	35	2	1
5 ungestrichen, gelblich	35	1	2

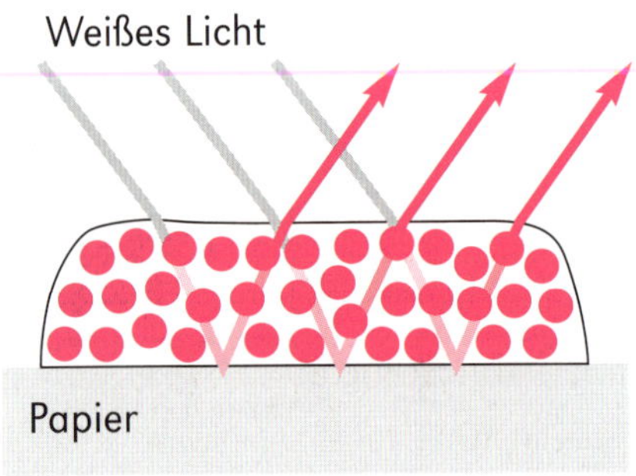

Bild 9/113. Buntpigment: „Filterung" des Lichts und Reflexion am Bedruckstoff

Hier und in den folgenden Bildern sind die Farbschichten übertrieben dick und die Pigmentteilchen übertrieben groß gezeichnet. Wenn Bild 9/113 einen Rasterpunkt mit 5 % Flächendeckungsgrad darstellen soll, Rasterweite 60/cm, wäre die Farbschicht bei maßstabsgetreuer Wiedergabe nur etwa 1 mm bis 1,5 mm dick.

Als Schwarzpigment wird Ruß benutzt, also (nahezu) reiner Kohlenstoff. Pigmentruß besteht je nach Herstellungsverfahren aus 10 nm bis 100 nm großen Primärteilchen, die zu größeren Ruß-Aggregaten zusammengelagert sind. Je feinteiliger der Pigmentruß ist, desto stärker wird normalerweise das auftreffende Licht absorbiert, desto „schwärzer" ist also das Pigment. Neben dem Pigmentruß gibt es noch andere, anorganische und organische, Schwarzpigmente. In Offset-Druckfarben werden sie aber nicht verwendet.

Von Teilchengröße, Struktur und Pigmentkonzentration hängt es ab, ob eine schwarze Druckfarbe völlig unbunt ist oder einen leichten Buntstich hat, also z. B. leicht bräunlich aussieht. Die Skalendruckfarbe Schwarz für den vierfarbigen Druck soll möglichst unbunt sein. ISO 12647-2 sieht je nach Papiersorte ein absolut unbuntes bzw. ganz geringfügig buntstichiges Schwarz vor. Beim einfarbigen Druck oder bei der Verwendung von Schwarz als Sonderfarbe ist oft ein deutlich wahrnehmbarer Buntstich erwünscht. Um die jeweils benötigte Farbe zu erzeugen, wird der schwarzen Druckfarbe ein dunkles Buntpigment zugesetzt, sie wird geschönt.

Im Gegensatz zum Schwarzpigment, das alle Wellenlängen des Lichts (ungefähr) gleich stark absorbiert, ist die Absorption der bunten Pigmente selektiv (auswählend). Buntpigmente absorbieren nur bestimmte Wellenlängen und lassen die übrigen durch, wirken also wie kleine Farbfilter. Welche Wellenlängen absorbiert und welche durchgelassen werden, hängt von der chemischen Struktur der Pigment-Moleküle ab.

Anorganische Buntpigmente spielen heute in der Druckfarbenherstellung nur noch eine vergleichsweise kleine Rolle (weniger als 5 %). Sie enthalten häufig Schwermetalle wie Blei, Chrom, Cobalt, Molybdän. Die früher häufig eingesetzten Bleichromate (Chromgelb) und Bleimolybdate (Molybdatrot) werden in Offset-Druckfarben nicht mehr verwendet.

Typisch für organische Pigmente sind große, kompliziert aufgebaute Moleküle. So hat z. B. ein Magenta-Pigment die Summenformel $C_{32}H_{25}ClN_4O_2$; ein Molekül besteht aus 64 Atomen (C = Kohlenstoff, H = Wasserstoff, Cl = Chlor, N = Stickstoff, O = Sauerstoff). Rohstoffe für organische Farbmittel sind u. a. Naphtalin und Anilin, die durch Destillation aus Steinkohlenteer oder Erdöl gewonnen werden. Durch Reaktion mit anderen Substanzen kann aus diesen Rohstoffen eine große Anzahl chemischer Verbindungen mit unterschiedlichsten Eigenschaften hergestellt werden.

Bei der Herstellung organischer Farbmittel entstehen zunächst lösliche Farbstoffe, die mit unterschiedlichen Verfahren zu Pigmenten umgearbeitet werden. Organische Pigmente gleichen in ihrer chemischen Grundstruktur aber den Farbstoffen, aus denen sie hergestellt wurden. Das wirkt sich auch auf ihre Löslichkeit aus. Während sie in bestimmten Medien unlöslich sind, können sie in anderen Medien teilweise in Lösung gehen (mehr dazu in Abschnitt 9.6).

9/43 Die folgenden Summenformeln gehören zu zwei organischen und zwei anorganischen Pigmenten. Bitte jeweils mit einem *o* bzw. einem *a* kennzeichnen.

$C_{25}H_{20}N_4O_4$ Cr_2O_3 $C_{24}H_{17}BaN_3O_8S_2$ FeOOH

Weißpigmente sind ausnahmslos anorganisch – organische Weißpigmente sind bislang nicht bekannt. Ihre Wirkung beruht auf nichtselektiver Streuung des auftreffenden Lichts. Die Pigmentteilchen haben eine höhere optische Dichte als das umgebende Bindemittel. Beim Übergang aus einem optisch dünneren in ein optisch dichteres Medium und umgekehrt wird das Licht gebrochen, die Lichtstrahlen ändern ihre Richtung. Die vielfache Brechung durch viele Pigmentteilchen führt zur Streuung (Diffusion) des Lichts.
Die optische Dichte eines Stoffes wird durch die Brechungszahl quantifiziert. Die Lichtbrechung beim Übergang von einem Medium ins andere ist umso stärker, je unterschiedlicher die beiden Brechungszahlen sind. Weißpigmente wie Rutil, Zinkweiß oder Lithopone haben erheblich höhere Brechungszahlen als die sie umgebenden Bindemittel. Stoffe, deren Brechungszahlen ungefähr gleich hoch sind wie die der Bindemittel, sind nicht als Weißpigmente geeignet. Sie dienen als Füllstoffe in bunten Druckfarben und im Transparentweiß, das zum Aufhellen bunter Druckfarben benutzt wird. Füllstoffe werden zur Verbesserung drucktechnischer Eigenschaften eingesetzt.
Metallpigmente, auch Bronzen genannt, bestehen aus kleinen Metallblättchen. Goldbronzen werden aus Messing hergestellt, Silberbronzen aus Aluminium. Die einzelnen Metallblättchen wirken als kleine Spiegel, die das auftreffende Licht regelmäßig reflektieren.

Merke: Schwarzpigmente – nicht-selektive Absorption – alle Wellenlängen werden (nahezu) gleich stark absorbiert.
Buntpigmente – selektive Absorption – bestimmte Wellenlängen werden absorbiert, die übrigen werden durchgelassen.
Weißpigmente – nicht-selektive Streuung des Lichts – das gesamte Licht wird gebrochen, es wird (nahezu) kein Licht absorbiert.

9/44 Dunkle bunte Druckfarben enthalten oft sowohl Bunt- als auch Schwarzpigmente. Beschreiben Sie bitte die Absorption des Lichts in solchen Druckfarben.

Weißpigmente und Füllstoffe (Beispiele)

Bezeichnung	Brechungszahl
Weißpigmente	
Rutil (Titandioxid)	2,75
Zinksulfid	2,37
Zinkweiß (Zinkoxid)	2,01
Lithopone (Zinksulfid und Bariumsulfat)	2,00 – 2,09
Füllstoffe	
Calciumcarbonat	1,48 – 1,65
Bariumsulfat	1,64

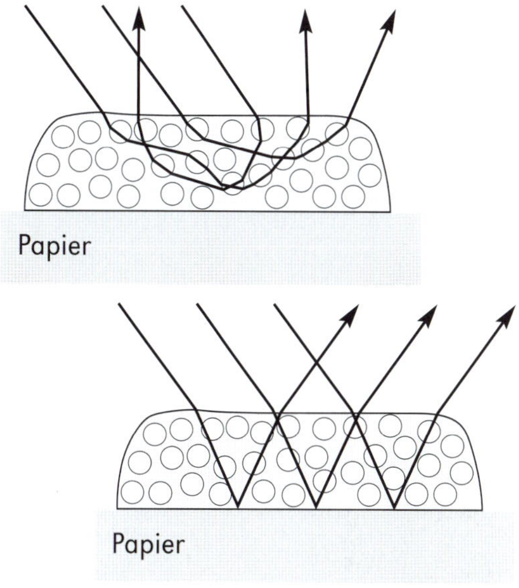

Bild 9/114. Streuung des Lichts durch Weißpigment (oben), keine Streuung durch Füllstoff (unten)

9.2 Bindemittel und Lösemittel

Jede Offset-Druckfarbe enthält ein Bindemittel, das die Pigmente umhüllt und sie nach der Trocknung auf dem Bedruckstoff verankert. In der ungetrockneten Druckfarbe kommt häufig noch ein Lösemittel hinzu, in dem das Bindemittel gelöst ist. Das Bindemittel bzw. die Lösung aus Bindemittel und Lösemittel wird auch Firnis genannt. Von Art und Zusammensetzung des Firnis hängt es ab, auf welche Weise und wie schnell eine Druckfarbe trocknet. Deshalb geht es in diesem Abschnitt nicht nur um Binde- und Lösemittel, sondern zugleich um die Trocknung von Druckfarben.
In physikalisch trocknenden Druckfarben werden Hartharze als Bindemittel verwendet. Das sind überwiegend veredelte Naturharze,

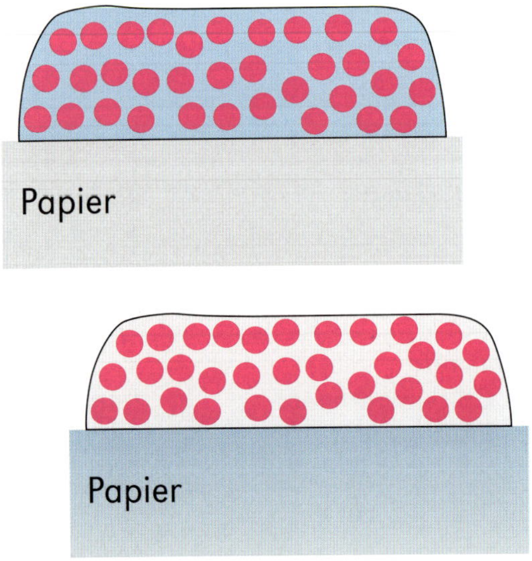

Bild 9/115. Wegschlagend trocknende Druckfarbe vor und nach der Trocknung
Lösemittel

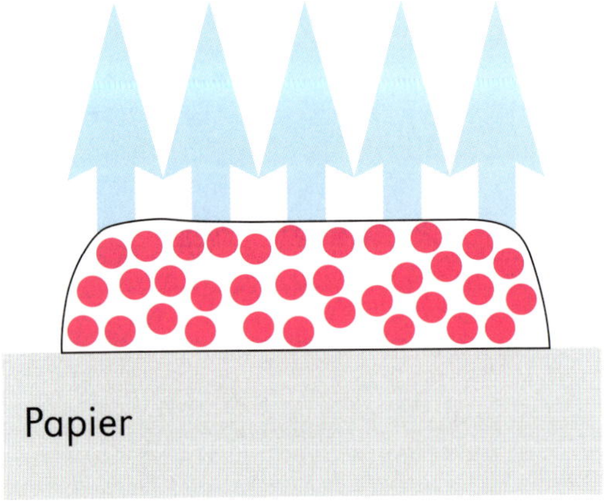

Bild 9/116. Heatset: Trocknung durch Verdampfen des Lösemittels

in schwarzen Druckfarben aber auch Asphalt oder Bitumen. Die Bezeichnung Hartharze darf wörtlich verstanden werden: Sie sind hart. Um ihnen die erforderliche pastöse Konsistenz zu geben, werden sie in einem Mineralöl gelöst. Bei der Trocknung wird das Lösemittel vom Bindemittel getrennt; auf der Papieroberfläche bleibt das wieder erhärtete Bindemittel mit den eingeschlossenen Pigmenten zurück.
Das Lösemittel kann auf zwei Arten aus dem Firnis entfernt werden: durch Wegschlagen oder Verdampfen. Bei der wegschlagenden Trocknung wird es von den feinen Hohlräumen (Kapillaren) des Papiers und ggf. der Streichmasse aufgesogen. Das geht sehr schnell – die Druckfarbe ist schon nach wenigen Sekunden trocken. Nachteile sind fehlender Glanz und eingeschränkte Wischfestigkeit der getrockneten Farbschicht. Wegschlagend trocknende Druckfarben sind deshalb nur verwendbar, wo diese Mängel nicht stören, also vor allem beim Zeitungsdruck.

9/45 Was geschieht, wenn eine Kunststofffolie versehentlich mit einer wegschlagend trocknenden Druckfarbe bedruckt wird?

Wegschlagend trocknende Druckfarben für den Zeitungs-Rollenoffsetdruck werden auch Coldset-Druckfarben genannt, um sie begrifflich von den durch Verdampfung des Lösemittels trocknenden Heatset-Druckfarben zu unterscheiden.
Heatset-Druckfarben, die vor allem im Rollenoffsetdruck (außer Zeitungsdruck) benutzt werden, enthalten Mineralöle als Lösemittel, deren Siedepunkte bei etwa 200 °C bis 250 °C liegen. Nach dem Druck läuft die Papierbahn durch einen Trockenofen, wo das Lösemittel durch Wärmeeinwirkung verdampft. Das dauert etwa eine Sekunde. Dabei schmilzt allerdings auch des Bindemittel – um es endgültig zu härten, läuft die Papierbahn über Kühlwalzen. Heatset-Druckfarben haben nach der Trocknung eine glänzende Oberfläche und gute Wischfestigkeit.

Merke: Physikalische Trocknung = Entfernung des Lösemittels aus dem Firnis durch Wegschlagen oder Verdampfen.

Bei der chemischen Trocknung wird die chemische Struktur des Bindemittels verändert, die Moleküle verbinden sich (vernetzen, polymerisieren) zu Makromolekülen (Großmolekülen). Dadurch wird das zuvor pastöse Bindemittel gehärtet. Chemisch trocknende Firnisse enthalten folglich kein Lösemittel.

Merke: Chemische Trocknung = Vernetzung (Polymerisation) der Bindemittel-Moleküle zu Makromolekülen (Großmolekülen).

Bei der oxidativen Trocknung polymerisieren die Firnis-Moleküle durch eine chemische Reaktion mit Sauerstoff aus der umgebenden Luft (Oxidation = Vereinigung eines Elements oder einer Verbindung mit Sauerstoff). Oxidativ trocknende Firnisse werden u. a.

durch Erhitzen aus Pflanzenölen, z. B. Leinöl, hergestellt. Dabei vernetzen die Ölmoleküle bereits teilweise, aus dem flüssigen Öl wird ein zähflüssiger Firnis. Daneben werden synthetisch hergestellte Alkydharze verwendet. Oxidativ trocknende Firnisse enthalten meist sowohl pflanzliche als auch synthetische Bestandteile.
Die oxidative Trocknung hat den offensichtlichen Vorteil, dass sie auch auf nichtsaugenden Bedruckstoffen (z. B. Blech, Kunststofffolie) funktioniert. Die getrocknete Farbschicht hat einen guten Glanz und eine hohe Wischfestigkeit. Nachteilig ist aber die sehr lange Trocknungszeit – im Extremfall mehrere Tage. Durch Trockenstoffe (Sikkative) kann die Trocknung zwar beschleunigt werden – eine Verkürzung auf wenige Sekunden ist aber unmöglich. Trockenstoffe sind Verbindungen bestimmter Metalle (z. B. Kobalt, Mangan), die als Katalysatoren wirken. Katalysatoren lösen chemische Reaktionen aus oder beschleunigen sie, ohne selbst in die neu entstehenden Verbindungen einzugehen.

Merke: Oxidative Trocknung – Polymerisation des Bindemittels durch Reaktion mit Sauerstoff.

Im Bogenoffsetdruck werden überwiegend Druckfarben benutzt, die teilweise durch Wegschlagen und teilweise oxidativ trocknen. Die Firnisse dieser Druckfarben werden deshalb Kombinationsfirnisse genannt. Auch Heatset-Druckfarben enthalten meist oxidativ trocknende Bestandteile.
Bei der kombinierten Trocknung werden Vorteile von zwei Trocknungsverfahren realisiert: die kurze Trocknungszeit beim Wegschlagen und die hohe Qualität des Farbfilms (Glanz, Wischfestigkeit) bei oxidativer Trocknung. Die erste Trocknungsphase, das Wegschlagen des Lösemittels, ist weitgehend abgeschlossen, bevor der nächste Druckbogen den Auslagestapel erreicht. Damit ist die Druckfarbe vorgetrocknet und die Gefahr des Ablegens erheblich vermindert. Die zweite, oxidative Trocknungsphase ist kürzer als bei ausschließlich oxidativer Trocknung, weil die Menge des zu polymerisierenden Bindemittels geringer ist.

Merke: Kombinationsfirnisse trocknen sowohl wegschlagend (physikalisch) als auch oxidativ (chemisch).

Die Infrarot-Trocknung ist eine beschleunigte kombinierte Trocknung. Die Druckbogen laufen auf dem Weg vom letzten Druckwerk zum Auslagestapel an Infrarotstrahlern entlang. Die Bindemittel sind so zusammengesetzt, dass sie die infrarote Strahlung (Wärmestrahlung) stark absorbieren und sich stärker erwärmen als das Papier. Durch die Erwärmung verflüssigt sich der Firnis, das Lösemittel schlägt schneller weg. Gleichzeitig wird die oxidative Trocknung beschleunigt – wie viele andere chemische Reaktionen läuft auch die Polymerisation des Bindemittels bei höheren Temperaturen schneller ab.
Die Ultraviolett-Trocknung ist dagegen ein rein chemischer Vorgang. Bindemittel ist hier ein Fotopolymer, vergleichbar mit den Kopierschichten von Negativ-Offsetplatten. Im ungetrockneten Zustand besteht das Bindemittel aus Monomeren und Präpolymeren – unvernetzten und teilweise vernetzten Molekülen. Hinzu kommen noch

Fotoinitiatoren, die durch Einwirkung ultravioletter Strahlung in Radikale zerfallen. Radikale sind äußerst reaktionsfreudige Atomgruppen, die sich sofort mit Monomer- oder Präpolymermolekülen verbinden. Damit wird eine Kettenreaktion in Gang gesetzt: Die Verbindung aus Radikal und Monomer- oder Präpolymermolekül verbindet sich mit einem weiteren Molekül usw.

Merke: IR-Trocknung – beschleunigte kombinierte Trocknung.
UV-Trocknung – ausschließlich chemische Trocknung.

9/46 Kreuzen Sie bitte die Stichwörter an, bei denen es ausschließlich oder teilweise um physikalische Trocknung von Druckfarben geht.

Coldset	Kombinierte Trocknung
Heatset	Infrarot-Trocknung
Oxidative Trocknung	Ultraviolett-Trocknung

9.3 Rheologische Eigenschaften

Die Rheologie ist die Lehre vom Fließ- und Verformungsverhalten von Stoffen; rheologische Eigenschaften sind also Fließ- und Verformungseigenschaften. Der Sammelbegriff für diese Eigenschaften heißt Konsistenz.

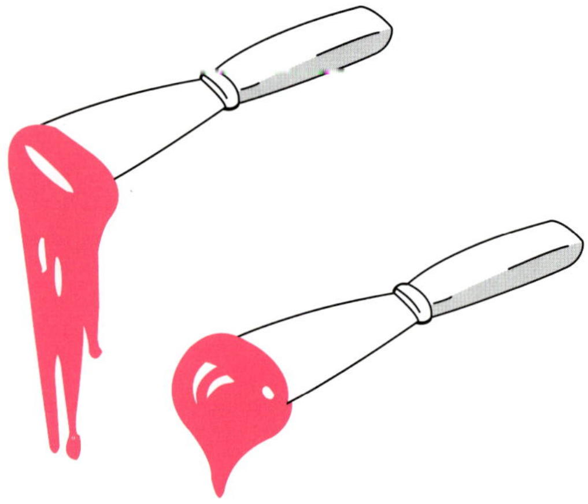

Bild 9/117. Dünne und dicke Druckfarbe

Merke: Rheologische Eigenschaften = Fließ- und Verformungseigenschaften.
Konsistenz = Sammelbegriff für rheologische Eigenschaften.

Bei Druckfarben sind zwei rheologische Eigenschaften wichtig: Viskosität und Zügigkeit. Die Viskosität beschreibt, wie dick- oder dünnflüssig eine Substanz ist. Je dickflüssiger eine Druckfarbe ist, desto höher ist ihre Viskosität. Eine grobe Einschätzung ist mit der Spachtelprobe möglich: Dünne (niedrig viskose) Druckfarben fließen schnell von der Spachtel ab, dicke (hoch viskose) langsam oder gar nicht.

Die Viskosität hängt auch von der Temperatur ab – je höher die Temperatur, desto geringer ist die Viskosität derselben Substanz. Bei vielen Druckfarben ändert sich die Viskosität auch durch Bewegung: Sie sind im Ruhezustand (z. B. in der Dose) relativ dick, in Bewegung (z. B. auf den Walzen des Farbwerks) aber dünner. Diese Eigenschaft heißt Thixotropie, die Druckfarben sind thixotrop.

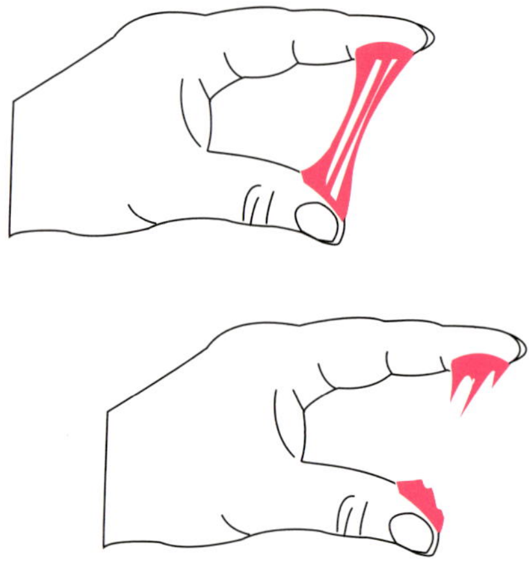

Bild 9/118. Lange und kurze Druckfarbe

Die Zügigkeit (der Tack) beschreibt, wie „zäh" und „klebrig" eine Druckfarbe ist. Ein einfacher Versuch zeigt anschaulich, worum es geht: Zwischen die Kuppen von Daumen und Zeigefinger wird etwas Druckfarbe genommen; dann werden die Finger langsam gespreizt. Dabei können sich lange Fäden bilden, die erst abreißen, wenn die Fingerkuppen schon weit auseinander sind. Dann ist die Zügigkeit hoch, die Druckfarbe ist lang. Oder die Farbfäden reißen sofort ab – die Zügigkeit ist gering, die Druckfarbe ist kurz.

Im Offsetdruck wird die Druckfarbe durch Farbspaltung übertragen: von Walze zu Walze, von den Auftragswalzen auf die Druckplatte, von der Druckplatte auf das Gummituch und vom Gummituch auf den Bedruckstoff. Beim unmittelbaren Kontakt zwischen zwei Walzen (bzw. zwischen Walze und Druckplatte, Platte und Gummituch, Gummituch und Bedruckstoff) haftet die Druckfarbe an beiden gleichzeitig und wird dann durch die Drehung auseinandergerissen (gespalten). Bei zu geringer Zügigkeit fehlt der Druckfarbe die Klebkraft (Adhäsionskraft), die zur Farbspaltung nötig ist. Sie wird nicht ausreichend übertragen, sondern baut auf Farbwalzen, Druckplatte oder Gummituch auf. Ist die Zügigkeit zu hoch, kann es bei der Übertragung vom Gummituch aufs Papier zum Rupfen kommen. Weil die Zusammenhaltskraft (Kohäsionskraft) zu groß ist, wird die Farbe stellenweise nicht gespalten, sondern reißt Teile aus der Papieroberfläche.

Bild 9/119. Farbspaltung

Merke: Viskosität – die Druckfarbe ist dünner oder dicker.
Thixotropie – die Druckfarbe ist in Bewegung dünner als in Ruhe.
Zügigkeit (Tack) – die Druckfarbe ist kürzer oder länger.

Viskosität und Tack der Offsetdruckfarben hängen von den Firnissen, aber auch vom Pigment- und ggf. vom Füllstoffanteil ab. Sie können durch Hilfsstoffe (Zusatzstoffe, Additive) gezielt beeinflusst werden. Für viele Einsatzzwecke gibt es fertig formulierte Druckfarben mit speziell abgestimmten Konsistenzen. Hilfsstoffe können aber auch noch nachträglich hinzugefügt werden, etwa um die Zügigkeit an problematisch verdruckbare Papiere anzupassen.

9/47 Um Rupfen zu verhindern, kann der Druckfarbe ein Hilfsstoff zugesetzt werden, der ihre Zügigkeit verringert. Was geschieht, wenn zu viel von diesem Hilfsstoff zugesetzt wird?

____

____

9.4 Transparenz und Deckvermögen

Auf den Unterschied zwischen lasierenden (transparenten) und deckenden (opaken) Druckfarben wurde schon im Zusammenhang mit der subtraktiven Farbmischung hingewiesen (Abschnitt 2.3). Während die Skalendruckfarben Cyan, Magenta und Yellow eine möglichst hohe Transparenz haben sollen, kann in anderen Fällen ein hohes Deckvermögen erwünscht sein.

Merke: Das Deckvermögen beschreibt die Fähigkeit einer Farbschicht, Farben oder Farbunterschiede des Untergrundes zu verdecken.

9/48 Zur Wiederholung: Die Skalendruckfarben Cyan, Magenta und Yellow müssen lasierend (transparent) sein. Warum? Bitte kurz erläutern.

____

____

Bild 9/120. Bitte mit *l*, *d* und *ld* kennzeichnen!

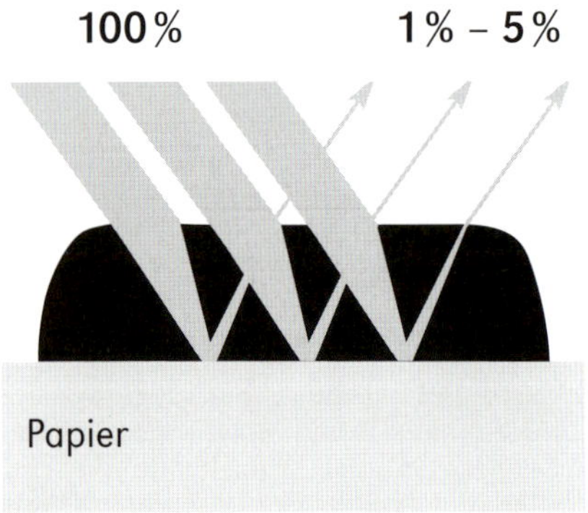

Bild 9/121. Schwarze Druckfarbe auf weißem Bedruckstoff – etwa 95 % bis 99 % des auftreffenden Lichts wird absorbiert.

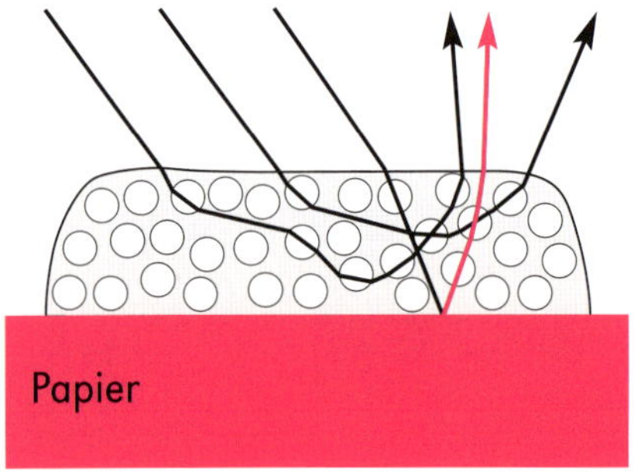

Bild 9/122. Deckweiß auf buntem Bedruckstoff

Druckfarben mit hohem Deckvermögen werden kurz als „deckend" bezeichnet, Druckfarben mit hoher Transparenz (keinem oder ganz geringem Deckvermögen) als „lasierend". Alle Druckfarben, auf die weder das eine noch das andere zutrifft, werden „leicht deckend" genannt. Auf den Etiketten von Druckfarbengebinden und in Farbfächern wird der Grad der Deckfähigkeit mit den Abkürzungen „d", „l" und „ld" gekennzeichnet.
Die Adjektive „deckend" und „lasierend" dürfen aber nicht absolut wörtlich genommen werden. Es gibt weder hundertprozentig deckende noch hundertprozentig transparente (lasierende) Offset-Druckfarben.

Merke: Offset-Druckfarben werden nach ihrer Deckfähigkeit als deckend (d), lasierend (l) bzw. leicht deckend (ld) gekennzeichnet.

9/49 Das nebenstehende Bild simuliert eine weiße, eine orange und eine rote Druckfarbe auf schwarzem Untergrund. Kennzeichnen Sie bitte die Druckfarben mit *l*, *d* und *ld*.

Das Deckvermögen schwarzer Druckfarben ergibt sich aus der Absorption des Licht an den Pigmentteilchen. Im Idealfall absorbiert die Farbschicht das auftreffende Licht vollständig und verdeckt so die Farbe des Untergrunds. Tatsächlich gelangt aber ein Teil des auftreffenden Lichts durch die Farbschicht hindurch bis zum Bedruckstoff. Dort wird es reflektiert und durchquert die Farbschicht nochmals, wobei ein weiterer Anteil absorbiert wird. Es bleibt aber ein reflektierter Rest von etwa 1 % bis 5 %. Auf weißem Papier sieht schwarze Druckfarbe deshalb mehr oder minder grau aus, auf buntem Untergrund hat sie einen leichten Buntstich.
Auf die Besonderheit der Weißpigmente wurde bereits eingegangen (Abschnitt 9.1). Ihre Wirkung beruht auf der Streuung (Diffusion) des auftreffenden Lichts. Eine deckende weiße Druckfarbe, kurz Deckweiß genannt, verdeckt im Offsetdruck den Untergrund aber nicht vollständig. Das ist gut zu sehen, wenn bunt eingefärbte Papiere bedruckt werden: Der Untergrund scheint schwach durch, das Weiß sieht leicht buntstichig aus. Ein kleiner Teil des auf die Farbschicht treffenden Lichts gelangt bis zum Bedruckstoff und wird dort je nach Färbung teilweise absorbiert und reflektiert.
Bunte Pigmente funktionieren wie kleine Farbfilter: Sie absorbieren bestimmte Wellenlängen des Lichts und sind für alle anderen transparent. Das Deckvermögen bunter Druckfarben hängt wie beim Deckweiß davon ab, wie stark die Pigmentteilchen das nicht absorbierte Licht streuen. Bunte Offset-Druckfarben sind durchweg lasierend oder leicht deckend. Es gibt keine Buntpigmente, die das Licht ausreichend stark streuen, um ein hohes Deckvermögen zu erzeugen. Durch Zugabe von Weißpigment kann zwar das Deckvermögen erhöht werden – das hat aber auch Auswirkungen auf die Coloristik. Es ist unmöglich, eine deckende Druckfarbe mit genau derselben Coloristik herzustellen wie z. B. die lasierende orange Druckfarbe HKS 7 K.
Andererseits gibt es aber auch keine hundertprozentig transparenten Druckfarben. Eine leichte Steuung innerhalb der Farbschicht ist nicht zu vermeiden. „Lasierend" bedeutet streng genommen, dass

das Deckvermögen so gering ist, dass es sich z. B. beim vierfarbigen Druck nicht störend auswirkt.
Metallpigmente sind lichtundurchlässig - die Pigmentteilchen absorbieren einen Teil des auftreffenden Lichts und reflektieren den Rest. Das Deckvermögen von Metalldruckfarben ergibt sich also aus der teilweisen Spiegelung des Lichts an den opaken Metallblättchen. Trotz lichtundurchlässiger Pigmente decken aber auch Metalldruckfarben nicht hundertprozentig. Das liegt an der nicht ganz gleichmäßigen Ausrichtung der Metallblättchen - es bleiben kleine „Lücken“, durch die etwas Licht zum Bedruckstoff und wieder zurück gelangen kann.
Es gibt Möglichkeiten, das Deckvermögen - tatsächlich oder scheinbar - zu verbessern. Bei schwarzen Flächen wird zusätzlich Cyan mit einem Flächendeckungsgrad von etwa 40 % gedruckt. Oder die schwarze Druckfarbe wird mit dunkelblauem Pigment geschönt. Beides erhöht zwar das Deckvermögen allenfalls unwesentlich - ein leicht cyan- oder blaustichiges („kaltes“) Schwarz wird aber durchweg als „schwärzer“ empfunden als ein unbuntes.
Um die leichte Verweißlichung von Bronzedruckfarben beim Druck auf weißem Papier zu vermeiden, kann eine Unterdruckfarbe benutzt werden, auf die dann die Metalldruckfarbe gedruckt wird. Bei goldenen Bronzedruckfarben wird eine Druckfarbe verwendet, die in Buntton, Buntheit und Helligkeit etwa der Metalldruckfarbe entspricht, bei silbernen ein etwa gleich helles Grau.
Beim Druck lasierender oder leicht deckender bunter Druckfarben auf bunt gefärbte Bedruckstoffe kommt es zur subtraktiven Farbmischung. Beispiel: Die blaue Druckfarbe HKS 43 K sieht auf gelbem Papier stark verschwärzlicht aus. Lösen Sie dazu bitte die folgende Aufgabe.

9/50 a) Warum sieht eine lasierende blaue Druckfarbe auf gelbem Bedruckstoff stark verschwärzlicht aus? Als Antwort genügt ein Stichwort.

b) Der Auftraggeber besteht auf gelbem Papier und HKS 43 K. Fällt Ihnen eine Lösung ein?

c) Der Auftraggeber besteht zwar auf gelbem Papier, die blaue Farbe muss aber nicht wie HKS 43 K aussehen: „Hauptsache Blau - welches ist mir egal!“ Jetzt sollte Ihnen eine Lösung einfallen, die kostengünstiger als die unter b) ist.

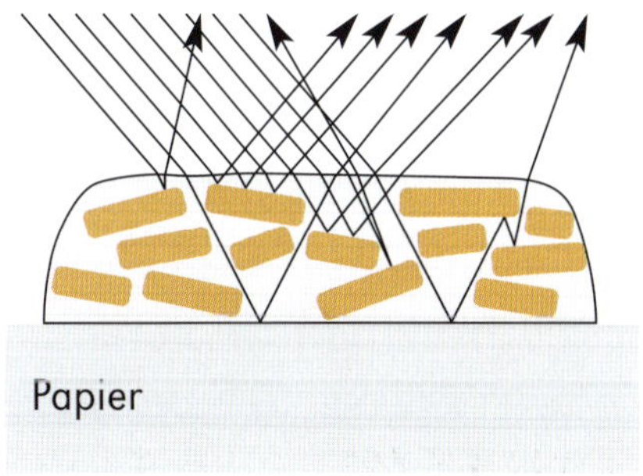

Bild 9/123. Bronzedruckfarbe auf weißem Bedruckstoff

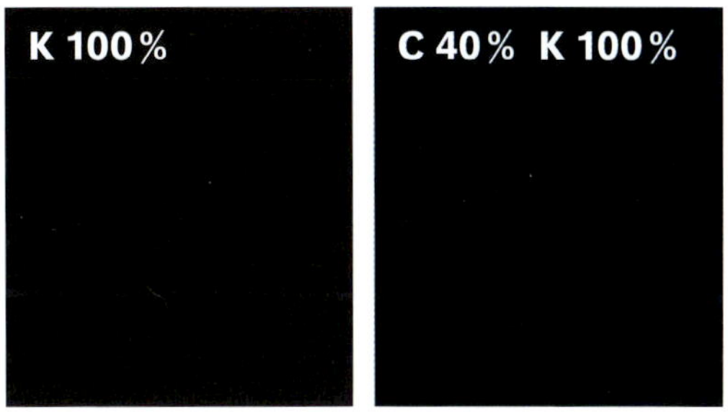

Bild 9/124. Welches Schwarz ist „schwärzer“?

9.5 Lichtechtheit

Wenn Druckfarben längere Zeit dem Licht ausgesetzt werden, bleichen sie aus. Dafür ist auch das sichtbare Licht, mehr aber noch die nicht sichtbare ultraviolette Strahlung verantwortlich. Unter Tageslicht bleichen Druckfarben viel schneller aus als unter gleich hellem, aber UV-ärmerem Kunstlicht.
Ob eine Druckfarbe mehr oder weniger lichtecht (lichtbeständig) ist, hängt zunächst von der chemischen Struktur des Pigments ab. Einige Pigmente verändern sich relativ schnell, andere sind stabiler. Aber auch die Menge des Pigments ist wichtig: Hoch pigmentierte Druckfarben sind lichtechter als Druckfarben, die eine geringere Menge desselben Pigments enthalten. Bei gleicher Pigmentkonzentration sind dickere Farbschichten lichtechter als dünnere.
Die Lichtechtheit von Druckfarben wird in Stufen von 1 (sehr gering) bis 8 (hervorragend) gekennzeichnet. Je höher die Lichtechtheitsstufe, desto länger kann die gedruckte Farbe dem Licht ausgesetzt werden, ohne sichtbar auszubleichen. Dabei entspricht eine Stufe etwa einer Verdoppelung der Lichtbeständigkeit. Im Vergleich zur Lichtechtheit 4 verträgt also eine Druckfarbe mit der Lichtechtheit 5 etwa doppelt so viel, eine Druckfarbe mit der Lichtechtheit 6 etwa viermal so viel Licht.

Merke: Der für Druckfarben benutzte Lichtechtheitsmaßstab hat acht Stufen von 1 (sehr gering) bis 8 (hervorragend). Eine Stufe entspricht etwa einer Verdoppelung der Lichtbeständigkeit.

Dieser Lichtechtheitsmaßstab wurde ursprünglich für gefärbte Textilien aus Wolle entwickelt und wird deshalb Wollskala genannt. 1965 wurde er als DIN 16525 auch für Druckfarben übernommen. In Erinnerung an den Ursprung wird den Lichtechtheitsstufen häufig die Abkürzung WS (*W*oll*S*kala) vorangestellt, also z. B. WS 5. Die Übersicht links übersetzt die Stufen in Qualitätsbegriffe. Als grobe Orientierung ist außerdem ab Stufe 3 angegeben, wie lange die gedruckte Farbe im Sommer ungefähr dem Tageslicht ausgesetzt werden kann, ohne sich sichtbar zu verändern. Im Winter sind diese Zeiträume wegen der geringeren Intensität des Sonnenlichts natürlich erheblich länger, ebenso in geschlossenen Raumen ohne direkte Sonneneinstrahlung.
Druckfarben, die nur ein Pigment enthalten, werden unter längerer Lichteinwirkung heller und verlieren an Buntheit. Bei Druckfarben mit zwei oder mehr unterschiedlichen Pigmenten kann sich auch der Buntton verändern. Beispiel: Eine blaue Druckfarbe enthält ein sehr lichtechtes Cyan-Pigment und ein erheblich weniger lichtechtes Blau-Pigment. Das Blau-Pigment beginnt nach einigen Wochen auszubleichen, während das Cyan-Pigment noch unverändert ist – der Buntton der Druckfarbe verschiebt sich nach Cyan. Bild 9/125 simuliert die Veränderungen am Beispiel einer Magenta-Druckfarbe, die nur ein Pigment enthält, und einer blauen Druckfarbe, die ein Cyan- und ein weniger lichtechtes Blau-Pigment enthält.
Mischfarben haben immer die Lichtechtheit der am wenigsten lichtechten Teilfarbe. Beispiel: Eine grüne Druckfarbe wird aus HKS 3 K (Gelb, Lichtechtheit 5) und HKS 47 K (Cyan, Lichtechtheit 8) gemischt – die Mischfarbe hat die Lichtechtheit 5.

Lichtechtheitsstufen der Wollskala

Stufe	Erläuterung	Lichtbeständigkeit im Sommer etwa
1	sehr gering	
2	gering	
3	mäßig	4 – 8 Tage
4	ziemlich gut	2 – 3 Wochen
5	gut	3 – 5 Wochen
6	sehr gut	6 – 8 Wochen
7	vorzüglich	3 – 4 Monate
8	hervorragend	(über 1,5 Jahre)

Bild 9/125. Veränderung durch Lichteinwirkung: Die Magenta-Druckfarbe enthält nur ein Pigment, die blaue Druckfarbe enthält zwei unterschiedlich lichtechte Pigmente.

Merke: Mischfarben haben die Lichtechtheit der am wenigsten lichtechten Teilfarbe.

Das Aufhellen bunter Druckfarben mit Transparent- oder Deckweiß verringert die Lichtechtheit, weil die Konzentration der Buntpigmente geringer wird. Wenn es auf hohe Lichtechtheit ankommt, ist die Verwendung aufgehellter Druckfarben riskant. Es gibt kein schnelles Testverfahren, mit dem sich die Lichtechtheit vorab bestimmen lässt. Unter den HKS-Farben findet sich ein markantes Beispiel dafür, welche Folgen das Aufhellen haben kann: HKS 50 K wird aus 250 g HKS 47 K (Lichtechtheit 8) und 750 g Mischweiß hergestellt – und hat die Lichtechtheit 4. Die aufgehellte Druckfarbe ist also im Sommer bereits nach zwei bis drei Wochen sichtbar verändert, während die Grundfarbe mehr als ein Jahr durchgehalten hätte.

Wie stark die Lichtechtheit durch Aufhellen verringert wird, lässt sich nicht genau vorhersagen. Als grobe Faustregel kann angenommen werden, dass eine gleiche Menge Transparentweiß die Lichtechtheit einer bunten Druckfarbe um etwa eine Stufe verringert.

Merke: Durch Aufhellen wird die Lichtechtheit erheblich verringert. Faustregel: Aufhellen mit der gleichen Menge Transparentweiß verringert die Lichtechtheit um etwa eine Stufe.

9/51 Eine violette Druckfarbe wird aus 1000 g HKS 25 K, 1000 g HKS 43 K und 2000 g Transparentweiß gemischt. Welche Lichtechtheitsstufe ist zu erwarten? Bitte kurz erläutern.

Lichtechtheiten der HKS-Grundfarben

HKS 3 K	5
HKS 7 K	5
HKS 13 K	5
HKS 25 K	5
HKS 27 K	4
HKS 33 K	4
HKS 43 K	4
HKS 47 K	8
HKS 53 K	8

Die gedruckten Farben dienen nur zur Orientierung; sie sind nicht identisch mit den HKS-Farben.

9.6 Lösemittel- und Alkaliechtheit

In Abschnitt 9.1 wurde bereits darauf hingewiesen, dass viele organische Pigmente nicht absolut unlöslich sind, sondern in bestimmten Substanzen (teilweise) in Lösung gehen können. Kommt eine Druckfarbe mit einer solchen Substanz in Berührung, können die Pigmente „ausbluten“.

Das kann zum Problem werden, wenn Drucksachen mit lösemittelhaltigen Lacken veredelt werden. Bei der Maschinenlackierung, d. h. der Lackierung auf speziellen Lackiermaschinen, werden Spiritus- und Nitrolacke verwendet. Spirituslacke sind nach dem Lösemittel benannt, enthalten also Ethanol (Ethylalkohol). Nitrolacke sind nach dem Bindemittel Nitrocellulose (Cellulosenitrat) benannt; als Lösemittel dienen Gemische aus unterschiedlichen Substanzen. Je nach Lackart müssen die Druckfarben als beständig gegenüber Ethanol (Spiritus) bzw. den in Nitrolacken verwendeten Lösemittelgemischen sein.

Beim Lackieren mit speziellen Lackierwerken innerhalb der Druckmaschinen werden häufig Dispersionslacke eingesetzt. Das sind wässrige Polymerdispersionen, also fein in Wasser verteilte Polymerteilchen. Damit Druckfarben diese Lackierung ohne Schaden überstehen, müssen sie wasserbeständig sein. Das ist nicht selbstverständlich; es gibt Druckfarben, die nur bedingt wasserecht sind. Vom Feuchtmittel werden die Pigmente zwar in der Regel nicht gelöst; beim Lackieren mit Dispersionslack oder beim Kleben mit wasserhaltigen Dispersionsklebern können sie aber teilweise in Lösung gehen.

Da Dispersionslacke und -kleber leicht alkalisch (basisch) sind, müssen die verwendeten Druckfarben außerdem alkalibeständig sein. Auch die Streichmassen gestrichener Papiere können leicht alkalisch reagieren. Alkaliechtheit bedeutet streng genommen nur, dass Druckfarben beständig gegenüber verdünnter Natronlauge sind. Denn damit wird die Echtheitsprüfung vorgenommen. Sie halten zwar auch vielen anderen schwachen Alkalien stand – eine Garantie auf Beständigkeit gegenüber jedem beliebigen Alkali ist das aber nicht.

Auf den Etiketten der Druckfarben-Gebinde sind die Echtheiten gegenüber Ethanol („Sprit"), den in Nitrolacken enthaltenen Lösemittelgemischen („Nitro" oder „Lösemittelgemisch") und Alkalien mit ja bzw. nein oder + bzw. – angegeben.

Beim Mischen von Druckfarben ist zu beachten, dass Mischfarben alle Nicht-Echtheiten der Teilfarben in sich vereinigen. Beispiel: Druckfarbe A ist spiritus- und nitroecht, aber nicht alkaliecht, Druckfarbe B ist alkaliecht, aber nicht spiritus- und nitroecht. Die Mischfarbe aus A und B ist weder spiritus- noch nitro- noch alkaliecht. Positiv formuliert: Wer z. B. eine nitroechte Mischfarbe herstellen will, muss darauf achten, dass alle Teilfarben nitroecht sind.

Merke: Wenn eine Mischfarbe eine bestimmte Echtheit (Sprit, Nitro, Alkali) haben soll, müssen alle Teilfarben diese Echtheit haben.

9/52 a) Eine Drucksache soll nitro-lackiert und mit einem alkalischen Kleber geklebt werden. Unterstreichen Sie bitte die geeignete(n) Druckfarbe(n).

Druckfarbe A	Druckfarbe B	Druckfarbe C	Druckfarbe D
Sprit: ja	Sprit: ja	Sprit: ja	Sprit: nein
Nitro: ja	Nitro: ja	Nitro: nein	Nitro: nein
Alkali: nein	Alkali: ja	Alkali: ja	Alkali: ja

b) Welche Echtheiten hat eine Mischfarbe aus den Druckfarben A, B und C?

Sprit: ____________

Nitro: ____________

Alkali: ____________

9.7 Wiederholung, Lernerfolgskontrolle

1. Welche Farbmittel – Farbstoffe oder Pigmente – sind in Offset-Druckfarben enthalten? Worin besteht der wesentliche Unterschied zwischen Farbstoffen und Pigmenten?

2. Ist Ruß ein organisches oder ein anorganisches Pigment? Antwort bitte kurz begründen.

3. Welche Funktion haben Lösemittel in Offset-Druckfarben? Warum enthalten manche Offset-Druckfarben ein Lösemittel, andere dagegen nicht?

4. Was geschieht, wenn mit IR- bzw. UV-Druckfarben bedruckte Bogen nicht infrarot bzw. ultraviolett bestrahlt werden?

5. Die Konsistenz einer Druckfarbe wird mit den Adjektiven „kurz", „lang", „dünn" und „dick" beschrieben. Um welche rheologische Eigenschaft geht es jeweils?

Die Wörter „kurz" und „lang" beschreiben ____________________.

Die Wörter „dünn" und „dick" beschreiben ____________________.

6. Es kann vorkommen, dass sich eine Druckfarbe im Farbwerk als sehr viel dünner erweist, als bei der Spachtelprobe geschätzt. Woran kann das liegen? Wie lässt sich so eine Fehleinschätzung vermeiden?

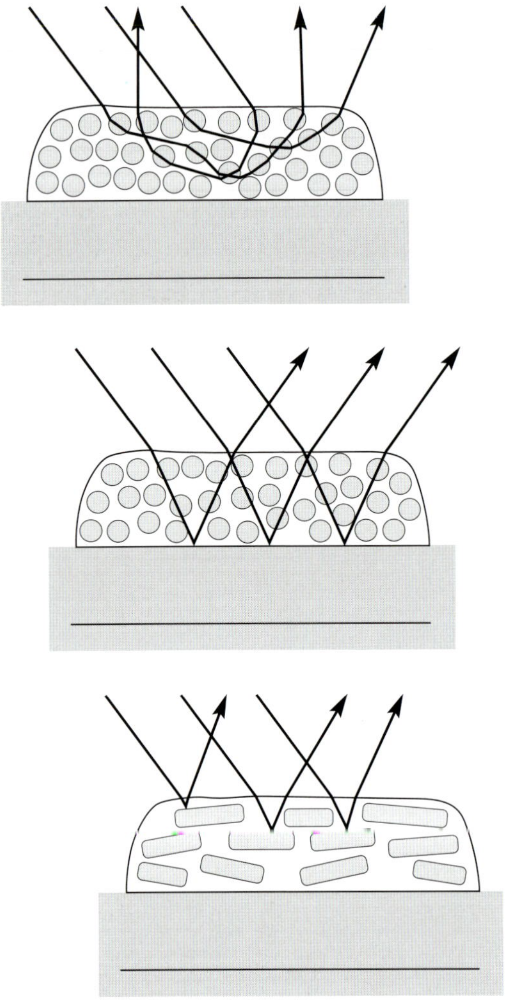

Bild 9/126. Verhalten von Lichtstrahlen in unterschiedlichen Druckfarben

Bild 9/127. Ursprüngliche Farbe (oben), veränderte Farben nach 4 bzw. 8 Wochen Aushang im Freien

7. Eine Auftraggeberin wünscht, dass ihre Hausfarbe, Rot HKS 14 K, auf hellblau eingefärbtes Papier gedruckt wird. Worauf sollten Sie die Auftraggeberin unbedingt hinweisen?

8. Die drei Skizzen in Bild 9/126 sollen veranschaulichen, wie sich auftreffende Lichtstrahlen in den Farbschichten einer lasierenden bunten Druckfarbe, einer Bronzedruckfarbe und einer deckenden weißen Druckfarbe verhalten. Tragen Sie bitte in die Skizzen ein, um welche Druckfarbe es sich jeweils handelt.

9. Eine Druckfarbe mit der Lichtechtheit 8 verträgt ________ -mal so viel Licht wie eine Druckfarbe mit der Lichtechtheit 4.

10. Aus 2 kg Grün, 2 kg Cyan und 4 kg Transparentweiß wird eine Mischfarbe hergestellt, die mindestens die Lichtechtheit 4 haben soll. Die Cyan-Druckfarbe hat die Lichtechtheit 7. Welche Lichtechtheit muss die grüne Druckfarbe mindestens haben? Ergebnis bitte kurz begründen.

11. Ein vierfarbig gedrucktes Plakat wird Anfang Juli im Freien ausgehängt. Es enthält u. a. ein Braun mit den Farbwerten C 60 % M 80 % Y 100 %. Bild 9/127 simuliert die Veränderungen, die nach vier bzw. acht Wochen Aushang zu sehen sind. Erläutern Sie bitte kurz, warum es gerade zu diesen Veränderungen gekommen ist.

12. Geben Sie bitte die Echtheiten einer Mischfarbe an, die aus 7,5 kg der Farbe 1 und 2,5 kg der Farbe 2 hergestellt wird.

Farbe 1	Farbe 2	Mischfarbe
Licht: 7	Licht: 5	Licht: ________
Sprit: ja	Sprit: ja	Sprit: ________
Nitro: ja	Nitro: nein	Nitro: ________
Alkali: ja	Alkali: ja	Alkali: ________

Bücher

Wollen Sie mehr über Farbe wissen, als Sie aus der vorliegenden Broschüre lernen konnten? Dann hilft Ihnen vielleicht das eine oder andere der folgenden Bücher weiter. Eine Literaturauswahl ist natürlich immer unvollständig und von persönlichen Vorlieben des Auswählenden geprägt. Die folgenden Bücher kann ich mit gutem Gewissen empfehlen, weil ich mit ihnen gearbeitet habe und mich dabei von ihrer Qualität überzeugen konnte.

Auge, Gehirn, Farbempfindung

Richard L. Gregory, Auge und Gehirn, Psychologie des Sehens, Rowohlt Taschenbuch Verlag, Reinbek bei Hamburg, 2001

Ein Standardwerk über die visuelle Wahrnehmung, wobei Farbe nur ein Aspekt neben zahlreichen anderen ist. Inhaltlich anspruchsvoll, aber dennoch sehr verständlich geschrieben. Der Untertitel „Psychologie des Sehens" ist etwas irreführend. Gregory befasst sich nicht nur mit der Psychologie visueller Wahrnehmungsvorgänge, sondern geht auch ausführlich auf die Physik des Lichts sowie auf Bau und Funktion des Auges ein.

Ernst Peter Fischer, Die Wege der Farben, Von der Physik des Lichts über die Gene ins Gehirn, Regenbogen Verlag, Konstanz, 2. Auflage, 2001

Fischer erläutert das Phänomen Farbe in drei Schritten: Das Licht und die Dinge - Das Auge und die Gene - Das Gehirn und die Farben. Ebenfalls mit hohem inhaltlichen Anspruch und zugleich verständlich und gut lesbar geschrieben.

Farbe in den Medien, Grundlagen

Heinwig Lang, Farbwiedergabe in den Medien: Fernsehen, Film, Druck, Muster-Schmidt, Göttingen 1995

Sehr gründlich und ausführlich, sowohl bei der Darstellung der Grundlagen (Farbwahrnehmung, Licht, Farbmischung, Farbempfindung usw.) als auch bei den technischen Anwendungen (Bildschirm, Bildsignalerzeugung, Farbfilm, Druck). Interessantes und anspruchvolles Buch, das allerdings stellenweise nicht ganz einfach zu lesen ist.

Harald Küppers, Schule der Farben, Grundzüge der Farbentheorie für Computeranwender und andere, DuMont, Köln, 1992

Eines von zahlreichen Büchern, die Harald Küppers geschrieben hat. Pointierte und gut verständliche Erklärungen zur Farbenlehre. Das Buch enthält aber auch einige recht eigenwillige Ansätze, die nicht umstandslos übernommen, sondern kritisch hinterfragt werden sollten. Zum Einstieg in das Themengebiet Farbe möchte ich dieses Buch deshalb nicht empfehlen. Wer aber bereits gute Grundkenntnisse in der Farbenlehre hat, kann dieses Buch (und andere Bücher des Verfassers) mit Gewinn lesen und durch die kritische Auseinandersetzung mit Küppers' Thesen sicherlich viel lernen.

Farbe in den Medien, praktische Umsetzung

Henning Wargalla, Farbkorrektur mit Photoshop und Scan-Programmen, MITP-Verlag, Bonn, 2. Auflage, 2001

Behandelt die grundlegenden Fragen: „Wie kriege ich ein Bild korrekt in den Computer? Was kann ich dort verbesssern und wie kriege ich es wieder heraus?“ Verzichtet auf Tricks, Kniffe und Gimmicks, sondern konzentriert sich auf die entscheidende Frage, wie gute Bilder mit professionellem Anspruch gemacht werden. Enthält auch zwei interessante Abschnitte zum Thema Color-Management.

Carsten Belling, 4C-DTP, Basiswissen für die digitale Druckvorstufe, Verlag Beruf + Schule, Itzehoe, 2. Auflage, 2001

Der Schwerpunkt liegt auf der praktischen Umsetzung von Farbe in der digitalen Druckvorstufe - auf Grundlagen der Farbenlehre wird bewusst nur sehr knapp eingegangen. Eine relativ kurz gefasste und trotzdem gründliche und detailreiche Darstellung wichtigen Grundwissens.

Ulrich Schmitt, Computer Publishing, Grundlagen und Anwendungen, Springer Verlag, Berlin, Heidelberg, New York, 1997

Ein umfassend und anspruchsvoll angelegtes Buch, das einige Konzentration beim Lesen verlangt. Enthält u. a. ein sehr interessantes Kapitel zum Thema Farbe, Rasterung und Qualitätssicherung.

Farbmetrik

Hansl Loos, Farbmessung, Grundlagen der Farbmetrik und ihre Anwendungsbereiche in der Druckindustrie, Verlag Beruf + Schule, Itzehoe, 1989

K. Schläpfer, Farbmetrik in der Reproduktionstechnik und im Mehrfarbendruck, UGRA - Verein zur Förderung wissenschaftlicher Untersuchungen in der grafischen Industrie, St. Gallen, 2. Auflage, 1993 (Bezug über www.ugra.ch)

Zwei sehr gute Darstellungen, die allerdings den Leser(inne)n einiges abverlangen. Vorkenntnisse sind zwar nicht unbedingt erforderlich, dafür aber die Bereitschaft, diese Bücher nicht nur zu lesen, sondern durchzuarbeiten. Beide Bücher sind zugleich gute Nachschlagewerke für alle, die sich bereits in der Farbmetrik auskennen. Mit einer Einschränkung: Die Bücher sind 1989 bzw. 1993 erschienen und deshalb nicht mehr auf ganz aktuellem Stand. Es fehlen zwangsläufig die neueren ISO-Normen und die CIE-1994-Farbabstandsformel.

Ulrich Paasch, MatheMedien, Fachbezogene Mathematik für das Berufsfeld Medien/Drucktechnik, Verlag Beruf + Schule, Itzehoe, 2. Auflage, 2000.

Enthält u. a. einen Abschnitt zum Thema CIELAB mit Erläuterungen, Berechnungsbeispielen, Formeln und Übungsaufgaben (Buntheit, Bunttonwinkel, CIELAB-Farbabstand, CIE-Farbabstand 1994). Hinweise zur Qualität dieses Buchs müssen entfallen, da ich es selbst geschrieben habe.

Color-Management

Jan-Peter Homann, Digitales Colormanagement, Farbe in der Publishing-Praxis, Springer Verlag, Berlin, Heidelberg, New York, 2. Auflage, 2000

Umfassende und detaillierte Darstellung sowohl der Grundlagen als auch der praktischen Anwendung. Eingehende Erläuterungen zu den Möglichkeiten und praktischen Problemen bei der Arbeit mit unterschiedlicher Software. Begriffe und Sachverhalte sind durchgängig durch bunte Bilder illustriert.

Ulrich Thiele, Michael Kaffka, Farbmanagement, Ein Leitfaden für die praktische Anwendung, Doculine-Verlags-GmbH, Reutlingen, 2000

Gute Darstellung von Grundlagen und praktischer Anwendung des Color-Managements. Weniger umfangreich als das Buch von Homann.

Druckfarbe, Drucktechnik

Jochem Ottersbach, Bedruckstoff und Farbe, Eine Werkstoffkunde für Drucker und andere Fachleute der Druckindustrie, Verlag Beruf + Schule, Itzehoe, 3. Auflage, 1995

Der Abschnitt über Druckfarben beginnt mit der Farbe als Sinneswahrnehmung. Es folgen die Bestandteile der Druckfarben, strahlungstrocknende Druckfarben, Lacke, das Anreiben von Druckfarben, Eigenschaften und Echtheiten, Druckschwierigkeiten, Dichtemessung (Densitometrie) und Farbmetrik. Eine gut verständlich geschriebene Darstellung aller wichtigen Aspekte des Themas Druckfarben.

Helmut Kipphan (Hrsg.), Handbuch der Printmedien, Technologien und Produktionsverfahren, Springer Verlag, Berlin, Heidelberg, New York, 2000

Ein Wälzer von mehr als 1200 Seiten, den wohl niemand von Anfang bis Ende durchlesen wird. Informationsquelle zu praktisch allen Themen aus Drucktechnik und angrenzenden Gebieten. Sehr nützlich ist auch der Anhang mit Erläuterungen von Fachbegriffen, physikalisch-technischen Größen und Umrechnungen, Normen und Standards u. v. m.

Register

Bei mehreren Fundstellen zum selben Stichwort sind, soweit sinnvoll, die wichtigsten durch fette Seitenzahlen hervorgehoben. Zahlen in Cyan weisen auf Fundstellen in zusätzlichen Informationen hin.

Wo und wie Fachliteratur finden?

Die Druck- und Medienbranche ist ein sehr innovativer Wirtschaftszweig, was vor allem dadurch zum Ausdruck kommt, dass weniger leistungsfähige Techniken, Verfahren und Maschinen in immer kürzeren Abständen von neuen, profitableren abgelöst werden. Selbstverständlich unterliegen auch die Inhalte der Schul- und Fachbücher diesem atemberaubenden Veränderungsprozess.

Daher enthält „Farbe in Druck und Medien" kein umfangreiches Literaturverzeichnis, sondern nur eine kleine Auswahl interessanter Titel (Seite 99 ff). Zusätzlich können Sie eine laufend aktualisierte Übersicht „Fachliteratur Druck und Medien für Schule, Ausbildung und Prüfung" kostenlos und unverbindlich anfordern, und zwar beim
Verlag Beruf + Schule, wahlweise
per Post: Postfach 2008, D-25510 Itzehoe,
oder per Fax: (04821) 4941
oder per E-Mail: verlag_beruf_schule@t-online.de oder über Internet: www.verlag-beruf-schule.de oder www.vbus.de.

Sehr empfehlenswert ist die Suche nach Fachwissen und Fachliteratur im Internet. Alle Verlage, die Fachliteratur für Mediengestalter(innen) und Drucker(innen) anbieten, sind dort vertreten. Und wenn Sie die Möglichkeiten der Suchlisten und Suchmaschinen geschickt nutzen, finden Sie fast alles, was für Ihre Ausbildung und Ihren beruflichen Aufstieg gut und nützlich ist. Achten Sie beim Surfen auch immer auf Hyperlinks, die auf der einen oder anderen Website empfohlen werden. So lernen Sie mit der Zeit das Angebot an Fachwissen im Netz kennen und können sich das Beste heraussuchen, ausdrucken und häufig sogar als PDF-Datei herunterladen.

Domains, die Sie als Auszubildende besuchen sollten, sind zum Beispiel:
- www.zfamedien.de
- www.mediengestalter2000plus.de
- www.publish.de
- www.prepressworld.de
- www.mediengestalterforum.de

Sie dürfen uns noch mehr nennen. Wir werden sie nach Prüfung gerne in unsere Liste aufnehmen.

Mit Recht wird „Fachwissen Medienvorstufe" auch gerne zur Vorbereitung auf Zwischen- und Abschlussprüfungen im Druck- und Medienbereich verwendet. Als sinnvoll hat sich die Kombination mit „4C-DTP - Basiswissen für die digitale Druckvorstufe mit DTP" erwiesen, einem Grundlagenbuch mit vielen Farbabbildungen, das im April 2001 in 2., aktualisierter und erweiterter Auflage erschienen ist. Mehr über dieses Buch erfahren Sie im Internet auf der Website des Autors Carsten Belling: www.4C-DTP.de.

Immer wieder wurde im Buchhandel nach einem Prüfungsvorbereitungsbuch für Mediengestalter(innen) gefragt, das aber schon wenige Monate nach Erscheinen vergriffen war und seitdem offenbar schmerzlich vermisst wurde. Es handelt sich um „Medienvorstufe - Wissen und Können für die Prüfungen". Seit März 2001 ist nun die Neuauflage dieses Buches unter dem Titel „Medienwissen - Hilfen für Klausuren und Prüfungen" wieder erhältlich.

„Medienwissen" ist eine dreiteilige Hilfe, um besser in Tests, Klausuren und Prüfungen abzuschneiden. Sie besteht aus dem 296-seitigen Buch, einem digital gedruckten Beiheft und den Lösungen. Das Hardcover-Buch enthält zur Zeit 1700 Multiple-choice-Aufgaben, die sich gut zur erfolgreichen Vorbereitung auf die zehn knappen fachübergreifenden Wissensfragen der Abschlussprüfung eignen.

Das Beiheft enthält zwar auch Aufgaben, zum Beispiel eine kleine Fragen-Datenbank mit Musterantworten, die kontinuierlich erweitert wird, geht aber vor allem auf die anstehenden Prüfungen im Berufsfeld Medien/Drucktechnik ein und wird daher jährlich aktualisiert. Dabei geht es beispielsweise um die Prüfungsanforderungen, um exemplarische Aufgaben aus den Prüfungsbereichen, um die Bewertung, die Prüfungsordnung, um Vorbereitungshilfen, Prüfungstipps, Fachliteratur, Nutzung des Internets.

Wer dennoch meint, das Beiheft sei immer noch nicht aktuell genug, sollte die Website des Autors Roland Golpon anklicken, die ab Juli 2001 auf Ihren Besuch wartet: www.pruefungshelfer.de.
Dort gibt's weitere Informationen.